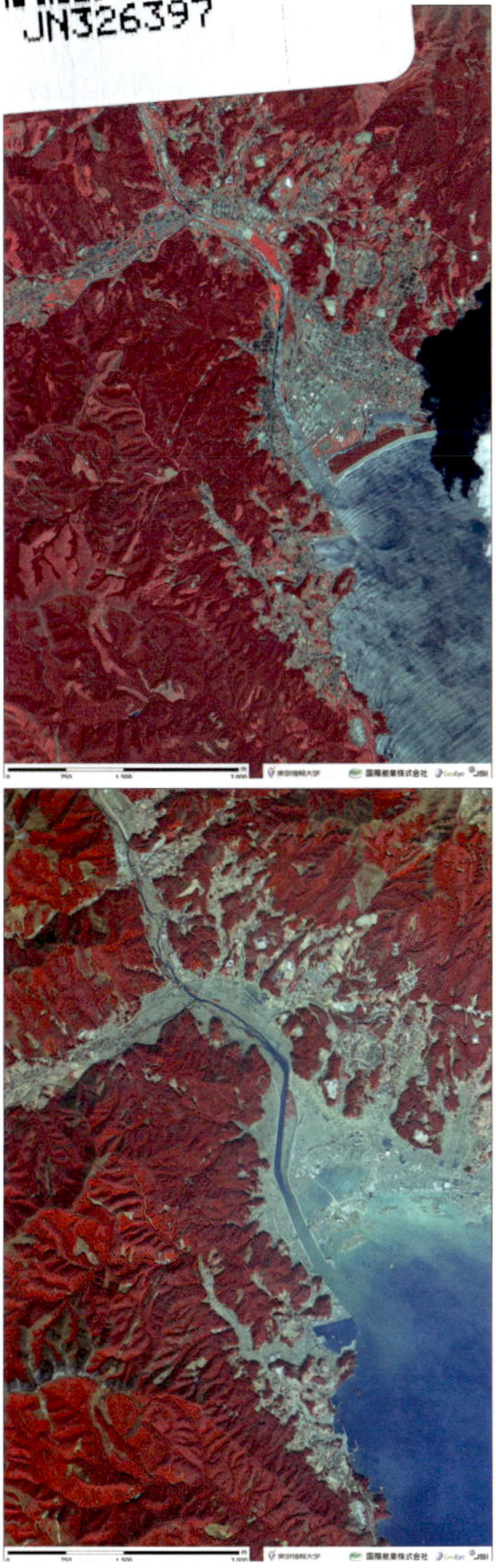

口絵 2．岩手県陸前高田市域の被災状況。上が震災前（2005 年 5 月 20 日）、下が発生後(2011 年 3 月 13 日)の状況を示す。植生域が赤で、水域が暗色で表現されている。図の中央部の沿岸部に被災前にはまとまったマツ林があったが、被災後には消滅している（©GeoEye/JSI）〔2 章（2)〕。

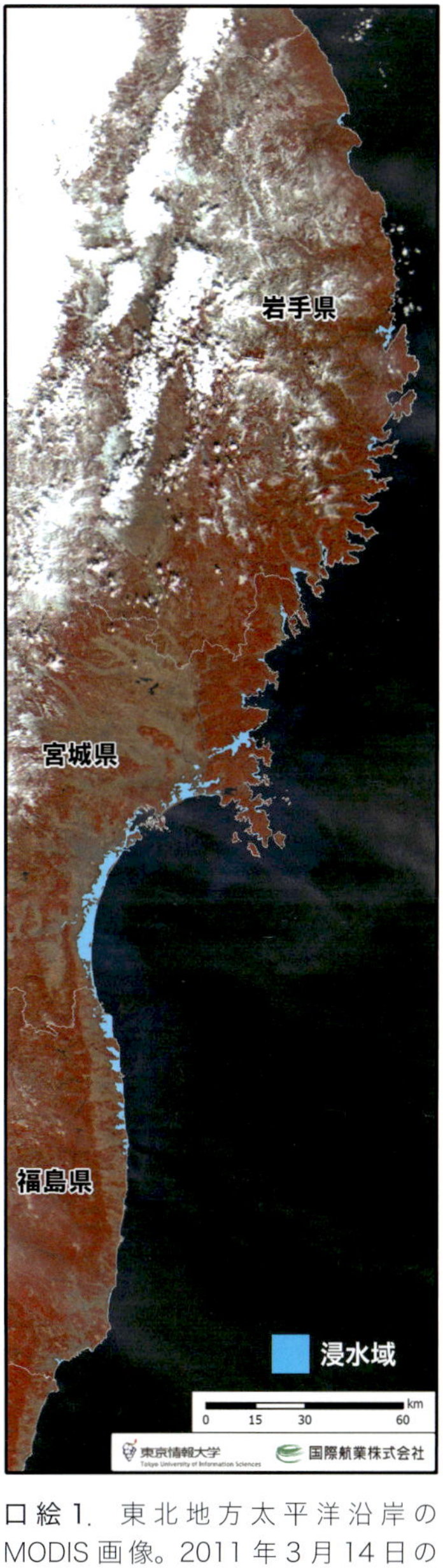

口絵 1．東北地方太平洋沿岸の MODIS 画像。2011 年 3 月 14 日の画像をもとに浸水域（水色の部分）を抽出した結果を示す〔2 章（2)〕。

2010 年 4 月 4 日

2011 年 4 月 13 日

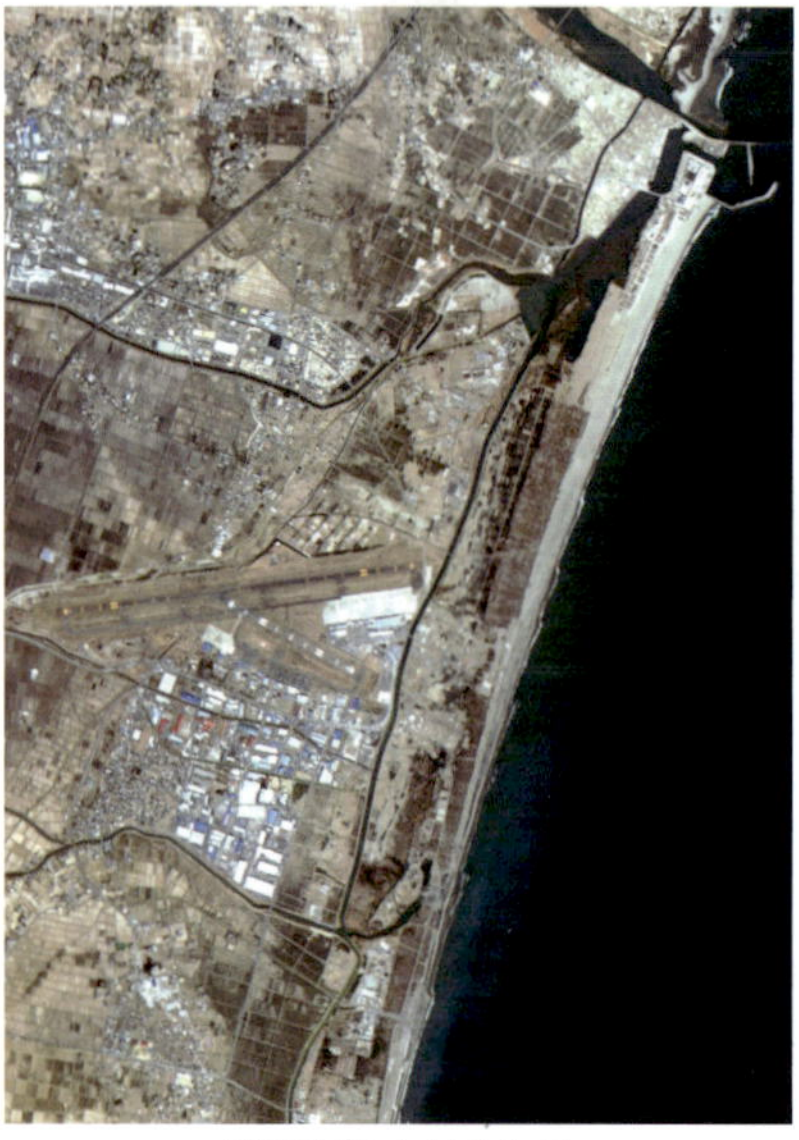

2012 年 4 月 10 日

2013 年 3 月 15 日

口絵 3. 震災前後の仙台平野の土地被覆変化（名取市及び岩沼市）。中央部に仙台空港がみえる。沿岸部では震災発生後に倒壊したマツ林跡地が整地し土盛りされるなど、復旧・復興事業が進んでいる（© 2011 RapidEye AG, Germany）〔2 章〕。

口絵 4. 2002 年 5 月（上段）と 2011 年 6 月（下段）の津軽石川河口干潟（左）と織笠川河口干潟（右）。ほぼ同じ潮位で撮影（撮影：松政正俊）〔12 章〕。

口絵 5. 長面浦に大量に打ち上げられたホソウミニナの死骸 （2014 年 5 月　宮城県石巻市、撮影：三浦 収）〔10 章〕。

口絵 6. 岩礁潮間帯の帯状分布。色の違いが固着生物の種の違いに対応している（撮影：野田隆史）〔9 章〕。

口絵 7. イワフジツボ（撮影：野田隆史）〔9 章〕。

口絵 8. 津波で破損した防潮堤と砂浜海岸（2011 年 8 月　岩手県田野畑村明戸、撮影：島田直明）〔13・14 章〕。

口絵 9. 海崖植生の景観（2015 年 7 月　青森県八戸市鮫町小舟渡平、撮影：鮎川恵理）〔17 章〕。

口絵 10．高田松原。7 万本あった海岸林は“奇跡の一本松”以外流失した （2012 年 7 月 岩手県陸前高田市、撮影：原慶太郎）〔2・13・25 章〕。

口絵 11．震災発生後の仙台湾沿岸のマツ林。列状に樹木が生残している （2011 年 5 月 宮城県仙台市宮城野区、撮影：原慶太郎）〔2 章〕。

口絵 12．大槌湧水のイトヨ（2014 年 6 月　岩手県大槌町、撮影：秦 康之）〔20 章〕。

口絵 13．川岸に大群落をつくるツツイトモ（2013 年 8 月　岩手県陸前高田市気仙川、撮影：鈴木まほろ）〔19 章〕。

口絵 14．ミズアオイ（2012 年 8 月　宮城県名取市仙台空港東部、撮影：原慶太郎）〔19 章〕。

口絵 15．仙台市若林区井土付近。砂浜沿いに防潮堤が完成し、その内陸側では海岸防災林を造林するための盛土が行われている（2015 年 7 月　宮城県仙台市若林区上空、撮影：平吹喜彦）〔24 章〕。

生態学
が語る
東日本大震災
——自然界に何が起きたのか——

日本生態学会東北地区会 編

文一総合出版

はじめに

二〇一一年三月一一日のその時、私たち生態学研究者の多くは札幌で開催されていた生態学会第五八回大会に出席していました。生態学は多様な生物の生き方と生物間の相互作用、その環境との関わりを研究する分野です。対象範囲は広く、本書で紹介される沿岸域やそこにすむ生物が含まれています。したがって、もしあの日が生態学会大会日でなかったら、何人かは沿岸域で調査をしていたかもしれません。

大きな地震や津波は、東北地域では数千年の周期で生じるといいます。とすれば、東北沿岸に本来生息している生物たちは、そのような自然攪乱《かくらん》を経験してきた種《しゅ》ばかりのはずです。しかし、大きなコンクリート塊や鉄筋片など、人の手がつくり出した累々たるがれきは、これまで自然攪乱にはなかった影響を生物たちに及ぼしているかもしれません。

震災直後、私たちは無力感を感じていました。大きな被害を前に、生物調査を行うことは社会の要請とかけ離れているように感じたからです。時が経つにつれ、野外調査をしていると声をかけられるようになりました。「今、沿岸の自然はどうなっているのか」「いったい自然は回復して来たのか」と。その素朴な疑問に、生態学研究者は励まされました。津波で被災した水田を調査していたとき、住民から「そういえば震災の年の夏は静かだった、カエルが鳴かなかったからだ。カエルの鳴き声を聞いて、ここの夏がこんなに賑やかだったのがわかった」という声を聞きました。この声は、私の心に強く残っています。

本書は、東北沿岸域をフィールドにしてきた生態学会の研究者による報告をまとめたものです。東日本大震災は、私たちの身の回りの自然にどのような影響を及ぼし、また及ぼしつつあるのでしょうか。この問題こそ、生態学が応えるべき課題です。

本書で語られている内容の多くは、すでに学術論文として発表されたものですが、まだ研究途上のものもあります。学術論文は一般の目には触れませんし、途上だからといっていつまでも野帳だけにとどめておくわけにはいきません。そこで、生態学会東北地区会では生態学会会員による研究とその成果を多くの方々と共有するため、本書を企画し出版することにしました。自然や生物はものを言いません。その翻訳は生態学の研究者が担っています。人間社会は今後自然とどう向き合うか、まず生物から見た震災の意味を理解し、多くの方々と共有する必要があります。本書がその契機となることを願っています。

日本生態学会東北地区会長　占部城太郎

目次

東北地方太平洋沖地震の震度①

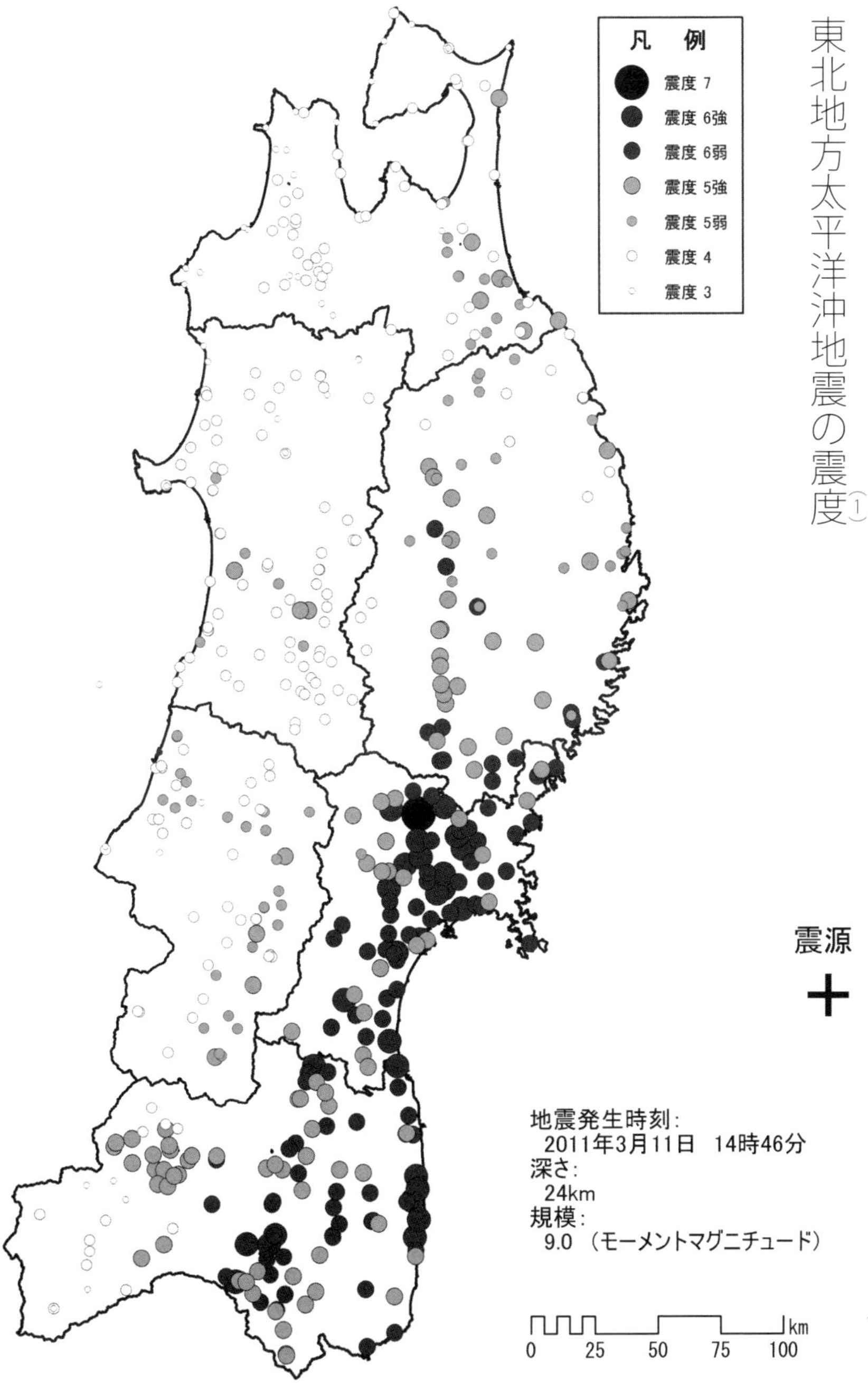

本書にでてくる地名一覧（青森県・岩手県）

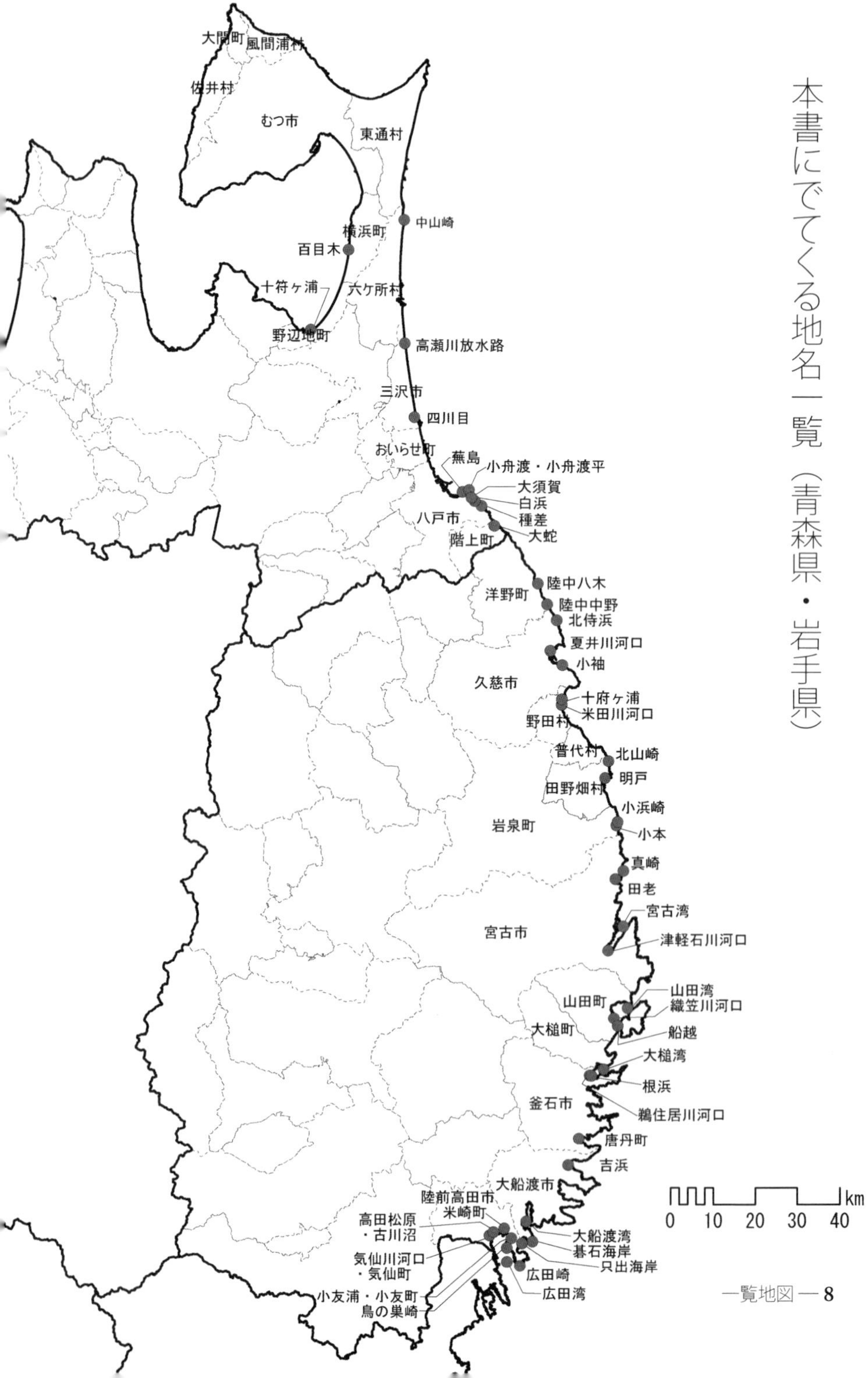

本書にでてくる地名一覧（宮城県・福島県）

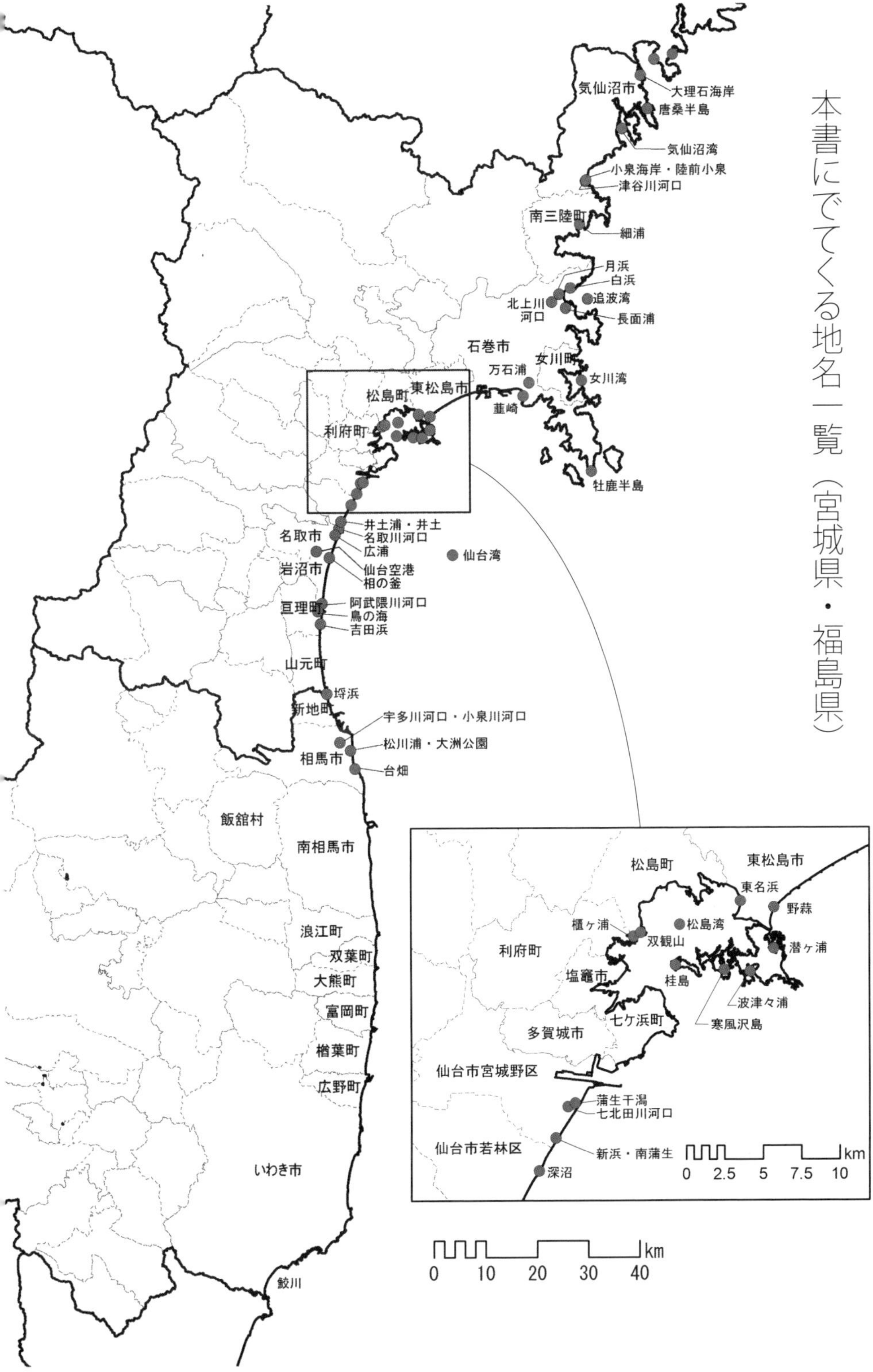

東日本大震災による津波浸水高と地盤沈降量

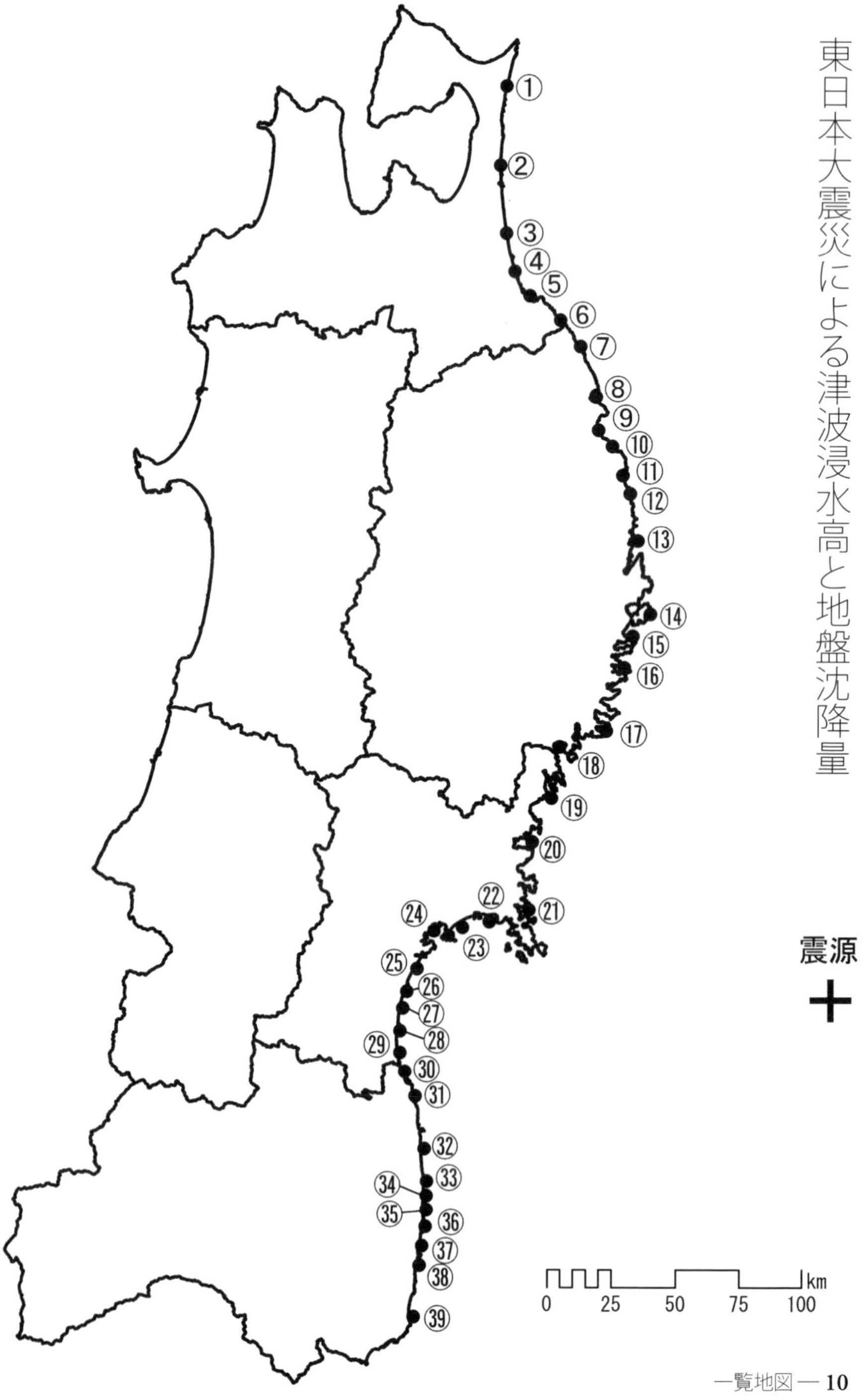

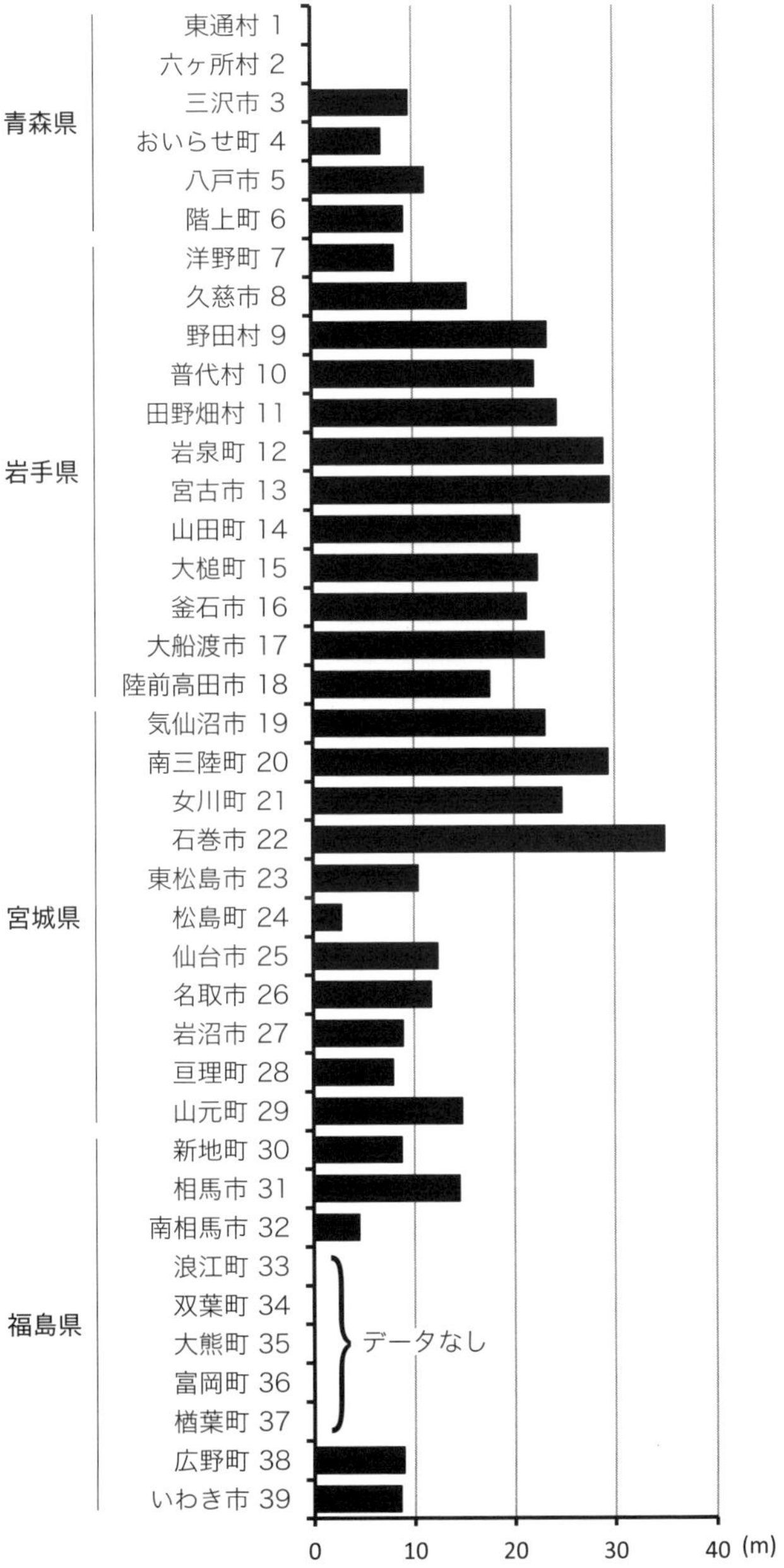

津波浸水高（2）。各市町村の最大値を示す。

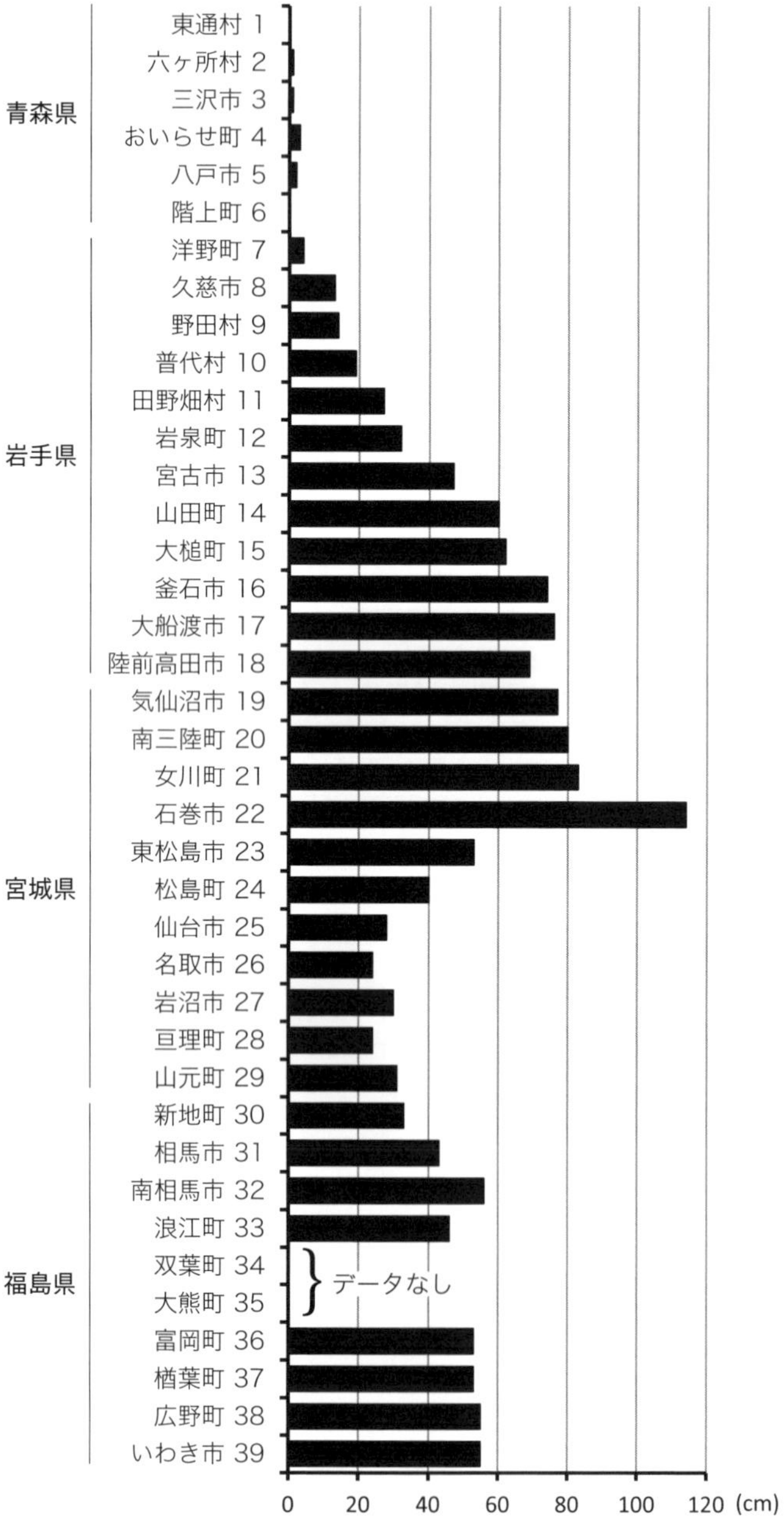

地盤沈降量（3）。各市町村の最大値を示す。

第1部

自然災害と生物多様性

1

自然災害と生物多様性
──日本と世界の事例から

横山　潤

まだ多くの人の記憶に新しい二〇一一年三月一一日の東日本大震災（平成二三年東北地方太平洋沖地震）をはじめとして、ここ数年ほどの間に立て続けに起こった地震、津波、台風、大雨、火山噴火などの災害は、われわれ日本人に、未曾有の自然災害はいつ何時自身に降りかかるかわからず、それは日本に住んでいる限り避けようのないものなのだという、決して消えない思いを刻み込みました。われわれの自然災害に対する考え方を大きく変える契機となった東日本大震災は、多くの人々の命を奪い、生活を破壊し、将来を一変させました。同時に、今回の震災は多くの沿岸環境をも飲み込んで破壊してしまいました。生育環境を失った生き物も多かったであろうことは、その被害の規模をみれば容易に想像できます。

このような巨大地震と津波は、われわれの時間で考えれば、一生に一度あるかないかの出来事でしょう。しかし、人間の生活域と同様に大きな影響を受けた自然環境にとってみれば、今回の震災は長い歴史の間の「一回」にすぎないのかもしれません。実際、この震災によって過去の地震の歴史的・考古的・地質的記録が見返され、このような地震と津波が繰り返し日本を襲っていたことが明らかにされてきています。長い進化の歴史を歩んできた生物は、繰り返し襲いかかる自然災害を耐え忍んでここまできたといえます。

では、このような自然災害は、その影響を受ける地域に生息する生物にどう作用するのでしょうか。ここでは、地震・津波に限らず、様々なタイプの自然災害について とりあげ、それらと生物との関係について考えてみます。

日本列島は世界でもまれにみる「災害銀座」とでも呼ぶべき地域です。狭い範囲に複数のプレート境界がひしめく世界でも数少ない地域の一つであり、地震・火山活動が活発です。大陸の東側に位置し、モンスーンの影響を受けて緯度の割に降水量が多く、太平洋の西にあって台風の襲来を容易に許す位置にあります。これらが生物にどのような影響を与えるのかについて、日本で起こりうる様々なタイプの自然災害を中心に、具体的な事例をみながら考えてみたいと思います。

巨大地震と津波の影響

プレート境界で起こる海洋性の巨大地震は、それ自身が地形を直接破壊もしますが、それ以上に、地震が原因となる津波による自然環境への影響が大きいことがわかっています。これは、東日本大震災だけでなく、その約六年三か月前に起こったスマトラ島沖の巨大地震（二〇〇四年一二月二六日／岩盤のずれをもとに計算されるモーメントマグニチュード＝九・一）が引き起こした津波が、沿岸の生態系を構成する生物群集及びその生存の基盤となる環境を大規模に破壊したことでも明らかです[1,2]（11章参照）。

二〇〇四年のスマトラ島沖地震では、インド洋沿岸地域の広い範囲にわたって巨大な津波が何度も押し寄せ、二〇万人以上が犠牲になりました。高いところでは三〇メートルを越える津波が沿岸地域を襲い、各地で沿岸植生に大きな影響を与えました。植生への影響は海草藻場の生物群集にも及んでいましたが、影響の大きさは場所によって異なっていました。震央に極めて近いアンダマン・ニコバル諸島では、津波によって沿岸生態系が破壊されたほかに、マングローブ林などが沈降によって、逆に沿岸のサンゴ礁が隆起によってそれぞれ失われました。同様の影響は、東日本大震災における東北地方沿岸地域でもみられています。これらの巨大地震は、およそ数百～一千年程度の周期で起こっていることがわかっています。

津波をともなうプレート性の地震に対して、内陸の巨大地震による地滑りなどが自然環境に与える影響は詳しくわかっていません。二〇〇八年五月一二日に発生した四川《しせん》大地震（モーメントマグニチュード＝七・九）では、千平方キロ以上の自然生態系が破壊されたと推定され、パンダの生息地として知られる臥龍《がりょう》自然保護区では、衛星を使ったリモートセンシングという技術では検出できない小さな地滑りが多数生じていることもわかっています。二〇一五年四月二五日に発生したネパール地震（モーメントマグニチュード＝七・八）では氷河の崩落など、高標高の山岳地帯ならではの現象が生じています（日本雪氷学会ＨＰ[4]）。

火山活動の影響

日本には一一〇の活火山（おおむね過去一万年以内に噴火した火山）があるとされ[5]、これは世界の活火山の約七パーセントに相当します。火山活動はプレート境界と密接に関連しており、最近では多くの登山者が死傷した御嶽山の噴火（二〇一四年）の記憶が新しいですが、有珠《う》山《ずざん》（一九七七―一九七八年）や雄山《おやま》（三宅島・二〇〇〇年）など、比較的近年でも、その規模から自然生態系に大きな影響を与えた噴火も起きています。火山活動は噴火による山体自体の崩壊のほか、岩屑《がんせつ》なだれ、火砕流、溶岩流、降灰等によって陸域生態系を大きく破壊します。降灰等の火山降下物は海洋環境を変化させることが報告されています。

より大規模な火山活動は、当然ながら広い範囲の生物圏に作用します。正確な記録のある噴火としてはタンボラ山（インドネシア・一八一五年四月、爆発の大きさを表す「火山爆発指数」七）の噴火が最大で、比較的最近ではピナトゥボ山（フィリピン・一九九一年六月、火山爆発指数六）の噴火が大きく、いずれも周辺の生態系のみならず、地球規模の気候にまで影響を及ぼしています。

一八八三年八月に生じたクラカタウ（インドネシア）の大噴火（火山爆発指数六）は、島の半分以上が吹き飛び、発生した津波によって三万人以上の犠牲者が出ました。一方でこの大噴火は、火山噴火によってほとんどの生物が失われてしまった島に、その後生物がどのように侵入・定着するのかを調査する契機を結果的に与えたことになり、噴火直後から生物相調査が連綿と続けられている希有な場所となっています(3)。

有史に入ってからの記録はありませんが、地史的にはカルデラ噴火と呼ばれる大規模噴火が記録されています。カルデラ噴火は広大な地域に火砕流の被害をもたらし、莫大な量の噴出物を放出します。海外では北米のイエローストーン(約六四万年前)、スマトラ・トバ火山(七万五千年前/いずれも火山爆発指数八)などが知られ、日本でも阿蘇カルデラ(八万五千—九万年前)、箱根カルデラ(五万三千年前)、鬼界カルデラ(七三〇〇年前)などのカルデラ噴火が生じています(ただし日本のカルデラ噴火は最大でも火山爆発指数七)。

一方、火山のみの固有種がいることからわかるように、火山活動には新たな生物が進化をする素地をつくる側面があり、生物多様性に対しては必ずしも負の影響ばかりではないと考えられます。

熱帯低気圧の影響

発生海域ごとに台風(太平洋西部)、サイクロン(インド洋)、ハリケーン(大西洋西部・カリブ海、太平洋東部)と呼称される熱帯低気圧は、海水温の高い低緯度海域で発生・発達するため、熱帯・亜熱帯を中心とする地域に特に大きな影響を与えます。暴風と大量の降雨が特徴的で、特に風によって陸上生態系が大きく破壊されることがあります。風によって起こる波浪は、浅海の生態系にも強く作用します。一方で、地震や火山噴火に比べて高頻度に発生して襲来する自然現象であり、低緯度地域の生態系では定期的な攪乱《かくらん》の一つとなって多様性の維持に関わっています。

その他の影響

熱帯低気圧以外でも、局所的な豪雨による地滑りや河川氾濫は生じます。しかし一般に範囲が狭く、期間も短いのが普通です。世界的には逆に干ばつなどが深刻な地域があり、小雨・乾燥状態にさらされることで、大きな湖沼が干上がってしまうこともあります。日本ではあまり馴染みがありませんが、大規模な森林火災は広い範囲の植生を破壊することがあります。一方、火山活動と同様、野火の頻発する地域では、その影響を受けることに対応した進化が生じていることが知られており、生物多様性を高める方向に作用することもあります。極めて稀な災害として隕石の落下があげられ、中生代末期のように生物の大絶滅の原因となった事例も知られていますが、その他の事例が少なく、生態系に与える影響の実態はよくわかっていません。

自然災害による生物多様性への影響

さて、ここからは自然災害による生物多様性への影響を考えてみましょう。まず最初に重要になるのは、発生した災害の規模です。ある生態系を維持するのに必要な要素がほとんど失われてしまったような壊滅的な影響を受けた範囲が大きければ大きいほど、回復には時間がかかります。災害の規模によっては、特定の生物群集のほとんどが失われてしまう可能性もあります。このことは、影響を受けた範囲に生息する生物種の構成とも関連していて、もしその地域だけにしか生息しない「固有種」が含まれるなら、大規模な災害によって種の絶滅のような取り返しのつかない多様性の喪失が生じると考えられます。大きな火山で過去にそれほど活発に活動していなかった場合、その山が固有種を擁していることは十分考えられ、一度大規模に活動すれば、その種が絶滅する可能性は高いでしょう。

このように災害の規模と、そこに存在する自然生態系の関係性で決まる生物多様性への影響は、ある意味われわれではどうにもならないことです。ただし一方では、ある程度の規模の災害は、たとえ周期が長くとも定期的に生じていることが多いので、これまでそこに生物が生きながらえてきたのなら、それはすでに大きな攪乱にも対応できるような仕組み、いわば「復元機構」を備えた生態系がそこに存在していると考えてよいかもしれません。しかし、近年は特に人間活動の影響が強くなり、それ以前の自然生態系とは、構成する生物の量・質ともに異なっていることがしばしばです。生物の量については、人間活動の強い影響を受けて、結果的に非常に限られた地域にしかいなくなってしまった種がいたとすれば、自然災害が絶滅への最後の「引き金」を引いてしまうことも考えられます。質については、たとえば近年特に問題になっている外来種が多い状況の中では、外来種がいち早く侵入するなどして、もともとの生物群集や自然生態系の回復に重要な、生物種の侵入順序がかき乱されてしまう可能性があり、場合によっては自然災害の影響を受ける前とは異なる生物群集になってしまう可能性もあります。自然災害による生物多様性への影響には、現在はこのような人為的な影響が複合的に作用することをよく意識しておく必要があるでしょう。

自然災害による生物多様性への影響は、災害規模が大きいほど、災害自体が稀になるため、具体的事例を集めるのが難しくなっていきます。しかし、影響を記録する体制を整えることで、数少ない事例を確実に後世に情報として残して行くことが大切です。それとともに、そもそも災害前の生物多様性の情報がないと、何が起きたのか評価できませんので、その収集にも努めることが肝要です。命を守り、生活を再建することは最優先事項ですが、そこにだけ目を向けるのは、その後の長い生活を劣化した自然環境の中で過ごすことにつながりかねません。自然災害による生物多様性への影響を正確に記録して評価し、その喪失を最小限にできるよう努力することも、本当の意味での復興につながる要素の一つではないでしょうか。

コラム　沿岸域のエコトーン

異なるタイプの生息地や景観の境界域をエコトーンといいます。たとえば、陸から池にかけてのエコトーンでは、土壌の水分量や水深が水平方向で変化し、そこに生息する生き物たちも移り変わっていきます。

沿岸域には、岩礁、干潟、砂浜、海岸林、河川、農耕地など様々なタイプの生息地があり、それらは生物や物質の移動などを通じて相互に関連して成立しています。そのため、沿岸域全体は、これらの様々なタイプの生息地のつながりからなる「沿岸域エコトーン」とみなすことができます。

さて東北地方に目を向けてみましょう。仙台湾沿岸にはかつて砂丘、すなわち浜堤《ひんてい》が陸に向かってつらなっていました。この浜堤は時に海抜一〇メートルに達したともいわれ、自然の堤防を形成していました。この丘と丘の間のくぼみには湿地が形成され、いろいろな生物の生活の場となっていました。また、北上川（石巻）から阿武隈川（鳥の海）にかけて造られた貞山堀《ていざんぼり》は、海岸に沿って形成された浜堤の背後にあるこのような湿地を利用して造られたのでしょう。このような汀《みぎわ》から陸に向かっての凸凹した自然地形の姿は、現代では想像すらできませんが、そこに生息している生物をみると今でも多様な生息場所とそのつながりを確認することができます。たとえば、カニの仲間には海と陸がひとつづきでないと生息できないものがいます。また、打ち上げられた海

図１．ヨシ原（撮影：金谷 弦）。

図２．ハマヒルガオ（撮影：島田直明）。

図３．水田や畑などの耕作地や里山（撮影：島田直明）。

藻は、腐敗し、昆虫が利用することで内陸部に栄養として運ばれていくという研究もあります。では、この東北地方の沿岸域エコトーンにおいて、二〇一一年三月一一日の東北地方太平洋沖地震とそれによる大津波に対して生き物たちはどのように振舞ったのでしょうか？　それを本書では紹介します。

本書に出てくる生き物を、この海から陸に向かって眺めてみましょう。まず波打ち際では、岩礁海岸（口絵６）ならコンブなどの海藻やイガイなどの固着動物が〔9章〕、いろいろな干潟〔3章〕（口絵4、5）では表在性のマガキ〔7章〕やホソウミニナなどの巻貝〔10章〕、埋在性のアサリなどの二枚貝〔8章〕やゴカイの仲間〔6章〕が生息しています。また、砂浜（口絵8）では打ち上げ海藻に群がる海浜昆虫に出会うことができます〔15章〕。汀から陸に向かうと、干潟の陸側に広がるヨシ原（図1）では絶滅が心配されるフトヘナタリやハマガニに〔4章〕、一方、砂浜ではハマヒルガオ（図2）やハマニガナなどの海浜植物〔13章・14章〕と、これらの花に訪れるハチの仲間に出会うことができます〔16章〕。そのさらに内陸部に向かうと、リアス海岸ではスカシユリなど岩場特有の植物がみられます〔17章〕。一方、仙台湾のような平野部ではクロマツなどの海岸林が発達し〔18章〕、さらにその内陸側に広がる水田や畑などの耕作地や里山（図3）にはカエル〔21章〕や、イノシシ〔22章〕などが生息しています。

このように、東北の太平洋沿岸には様々な生物が生息していますが、そのこと自体が沿岸域エコトーンという生態系の連続性を証明しています。潮の干満や河川水の流入、台風や嵐による大雨や風波、そして今回の地震や津波などの大規模な物理的な攪乱《かくらん》が、これら相互に依存しあいながら生息しているそれぞれの生物にどのような意味をもっているのか、それを解明することが生態学の重要な課題です。沿岸域エコトーンは東北地域を特徴づける私たちの財産といえるかもしれません。とすれば、その自然の連続性を損なわないように防潮堤や人間活動のあり方を工夫していく、その隘《あい》路《ろ》をみつけていくことも生態学研究の重要な使命なのです。

（編集委員会）

2

宇宙からの目がとらえた津波前後の沿岸生態系の変化

原 慶太郎

東日本大震災では、東北地方太平洋沖地震とそれによって引き起こされた大規模な津波が、東日本の太平洋沿岸部の南北五〇〇キロメートルに及ぶ広範な地域に甚大な被害を及ぼしました。沿岸部は水域と陸域とが短い区間で入れ替わるエコトーン（推移帯）（コラム「沿岸域のエコトーン」参照）で、わずかな地形の高低差と水位の違いによって多様な生き物たちの生息地をつくり上げているところです。また、被災した沿岸の平野部は、古くから農地や市街地として人間活動が及んでいたところでした。今回の被災地は、海から陸にかけての環境条件の違いと、人間活動の影響の大小によって、じつに様々な立地からなるモザイク状の景観を形づくっていたところです。このような地域の被災状況とその後の復旧・復興事業による影響の状況を把握するのに、衛星リモートセンシングという技術は極めて有効です。この章では、震災前後の衛星リモートセンシングによって捉えた画像を用いて、巨大地震とそれに続く大津波が沿岸生態系にどのような影響を与えたかについて説明していきたいと思います。

津波前後の比較

衛星リモートセンシングは、人工衛星に載せたセンサーという特殊な機器で数百キロメートルの上空から地上の状況を調べる技術です。今回の大震災において、震災

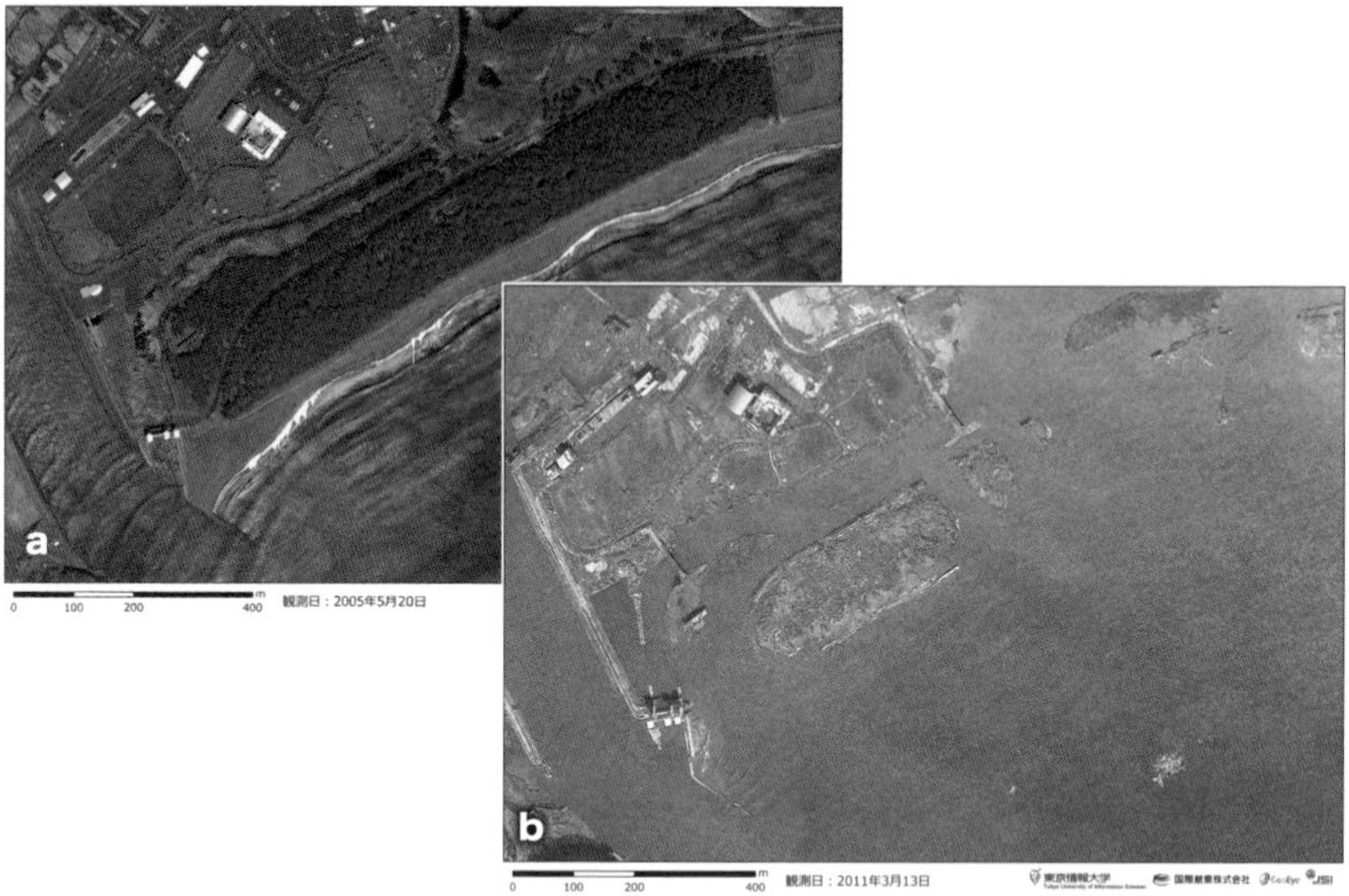

図 1. 陸前高田海岸のマツ林の消失。a:震災前（2005 年 5 月 20 日)、b:発生後（2011 年 3 月 13 日）[(1)]（© GeoEye/JSI)。

前後の環境変化に関しては、震災前からデータを定常的に蓄積している衛星リモートセンシングの技術によって詳しく解析されました。とくに震災発生直後から各種衛星が被災状況に関する観測を重点的に進め、膨大なデータが蓄積されています。米国NASAの衛星がとらえた震災直後の浸水域を示したものが口絵1です。

宮城県北部から岩手県宮古市付近まではリアス海岸と呼ばれる、小さな半島と入り江（小湾）が交互に現れるなど複雑な地形となっており、ここでは、湾の規模に対応した砂浜がみられます。たとえば、岩手県陸前高田市は、唐桑半島と広田崎にかこまれた広田湾の湾奥《わんおう》に位置し、そこに広がる砂浜に植林されたマツ林は壊滅的な被害を受けました（口絵2、図1）。このマツ林は三五〇年前に植林され、地元の人々によって保全されてきた高田松原と呼ばれる七万本のマツからなる見事な海岸林が成立していましたが、このうち微高地に生育していたわずか一本だけを残して流出し、かつてマツ林が成立したところも沈降によって水没しました（口絵10、図2）。リアス海岸域では、湾の方向や海底地形、そして津波の向きなどの関係で津波の浸水高に違いがあるものの、いずれも大きな被害を受けました。土地の沈降によって、砂浜自体が消滅したところも少なくありません。一方で、半島部や島の海に面したところでは海崖がみられますが、ここでは、日常的に波浪を受け、海水の直接浸水や、塩水の飛沫を常時浴びており、それに耐えうる植物だけがこの地に生育していました。加えて、津波被災が三月中旬というこの地域では越冬期であったことから、岩盤の崩壊など物理的な破砕などをともなわないところでは、海崖の生態系の影響は明瞭にはみられなかったようです。

図 2. 1 本だけ残ったアカマツ。微高地にある 1 個体だけが倒壊せずに生き残ったが後に枯死した（2012 年 7 月）。

仙台平野域を襲った津波は、浸水高はリアス海岸に比べれば高くはありませんでしたが、広大な面積にわたって、津波のエネルギーが弱まることなく陸域に到着し、この地域一帯に甚大な影響を及ぼしました（図3）。地震とともに急激な土地の沈降が生じ、防潮堤によってせき止められた海水が一帯にとどまり、広大な湖のような状況が数日から数週間続きました。この地域では、海側から陸側に沿って、砂浜植生、海岸林、後背湿地、水田などがみられますが、この一連の生態系のセットが大津波の影響を被りました。

仙台湾岸では、かつては自然状態がよく保存された砂浜植物群落がみられました。しかし、近年の人工構造物の建造や砂浜そのものの後退、消失によって、震災前の時点でも良好な植物群落がみられるところは限られていました。仙台湾岸の防潮堤前の前浜では、大津波は表層をわずかに攪乱《かくらん》しただけで通り過ぎたようで、二〇一一年の夏には、残存した地下部から植物体の再生などが認

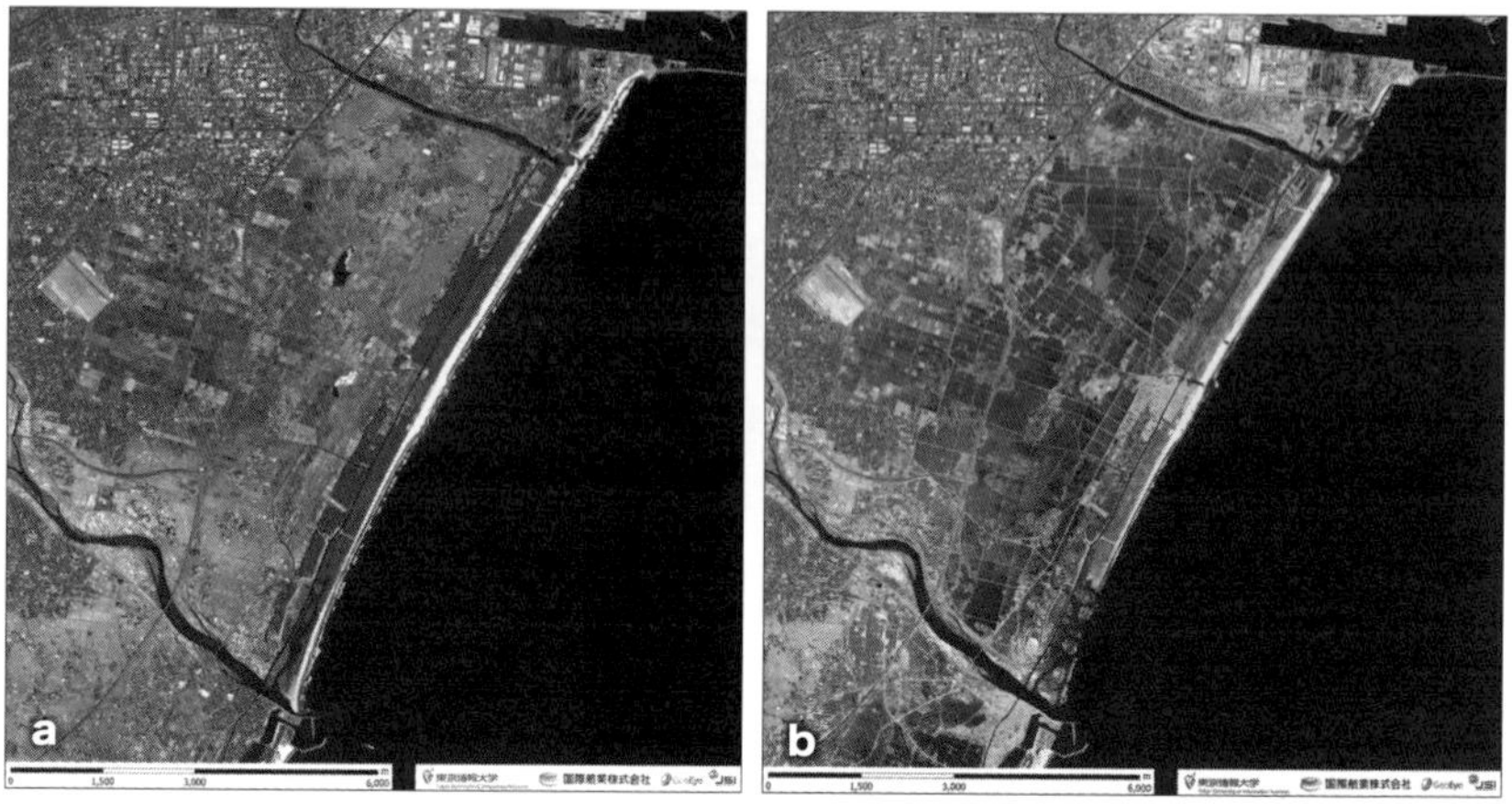

図3. 衛星データがとらえた仙台市宮城野区・若林区の被災状況。a：震災前（2010年4月4日）、b:発生後（2011年3月24日）の状況。被災前の画像では沿岸部にまとまったマツ林が確認できるが、被災後は、ほとんど消失している[2]（© GeoEye/JSI）。

められました。一方で、土地の沈降が激しかったところは、砂浜自体が消滅してしまいました。

仙台湾沿岸域の海岸林の被害

仙台平野域の砂浜植生の陸地側には、防災保安林として広くクロマツの植林が進められていました。仙台平野の海岸林を例にとると、当地では四〇〇年前の伊達政宗の時代に、阿武隈川河口から石巻までの大規模な運河（貞山堀《ていざんぼり》）をつくり、掘削した土を盛って土塁とし、そこにマツを植林したとされます。明治以降、植林は貞山堀の盛土の部分と、内陸側に限られていましたが、その後、植林が進み、海浜の砂浜部分まで及び、多様な植物相が形成されていました。

ある報告によれば[3]、貞山堀より海側のマツ林では、樹高が低く傾倒や曲げ折れの個体が多く、貞山堀の土盛りの部分は比高が高く、樹高二〇メートル程度のクロマツやアカマツが生き残りました。一方、より内陸側の微低地のマツは根返りや流亡した個体が多かったようです。ここでは、海岸線と垂直に（すなわち津波の進行方向に

図４. 海岸林の変化（仙台市宮城野区新浜）。a：震災前（2010年４月４日）、b：発生後（2011年３月24日）の状況を示す。被災後の画像からは、図の右上に、濃い色で示されている樹木が櫛の歯状に残存したことがわかる (2) (© GeoEye/JSI)。

沿って）櫛《くし》の歯のように列状に生き残りました（図４）。この区域は後背湿地に盛土して造林したものと推察されますが、一部、ヨシが生育する湿地がみられるなど、地下水位が高かったようです（口絵11、図５）。もともと深根性のマツですが、乾性地を好む生態的性質から、地下水位が高いところでは、根が浅く地面に対して水平方向にしか発達できなかったことが、このような被害の要因となったと考えられます。

景観の再生と地域の復興

津波は、生態学では大規模な攪乱とされます。攪乱は、規模、頻度、強度で特徴づけられます（コラム「攪乱の二つの作用」参照）。今回の大津波は、南北数百キロメートル以上の範囲に及ぶ規模と、沿岸部の人工建造物や海岸林をすべて流出させるほどの激しい強度でした。津波の陸上生態系への影響として考えられる要因は二つあげられます。一つは生き物に対する破壊的な力の作用であり、もう一つは、塩分濃度の高い海水の浸水が生物体に及ぼす影響です。今回の大津波は、この直接的な影響

図 5．倒壊したマツ林のなかの湿地。震災発生直後にヨシが芽をだしていることから、震災以前から湿地だったことがうかがえる（2011 年 5 月 14 日）。

に加えて、その土地の生態系そのものが破壊されたり変質したりすることで、生態系の複合体であるランドスケープ（景観）を大きく変化させました。そこを生息地とする野生動植物、とりわけ移動性の高い昆虫や鳥などは、生息場所を大きく変えているようです。さらに、その後の復旧・復興事業は、津波を乗り越えた生き物たちに、新たな脅威を引き起こしているようです（口絵3）。これらの影響を含めて、今後、この地域の生態系そしてランドスケープをどう再生し、地域の復興につなげるのかが大きな課題です。

コラム　撹乱《かくらん》の二つの作用

撹乱とは、人為的現象か自然現象かを問わず、生態系内の少なくとも一部の種の個体数を大きく減少させるような環境の急激な変化、つまり「イベント」をさします（図）。

人間はこのようなイベントを災害とみなし、すべての生物にとって良くない出来事と思いこみがちです。しかし、生態系内の少なくとも一部の生物にとっては、撹乱は、他の生物が占有していた資源（たとえばすみ場所など）を開放し、自分たちにとって利用できる状態に戻すという働きもあるため、これまですめなかった場所にすみ着くことを可能にするというプラスの効果もあります。つまり、撹乱には、直接的には生物を死に追いやり、個体数を減らすというネガティブな側面と、間接的には、他の生物が占有していた資源を開放することで、生物のすみ着きを促進するというポジティブな側面があるのです。

撹乱のもたらす正負両方の作用のどちらが大きくなるかは、撹乱の「規模」「強度」「頻度」によって決まり、それらは撹乱の種類によって異なります（図）。ここで、「規模」とは撹乱の生じた空間範囲、「強度」とは撹乱の物理的な強度（たとえば台風の風速など）、「頻度」とは撹乱の発生頻度（あるいは発生間隔）を意味します。そして撹乱の「規模」あるいは「強度」あるいは「頻度」が中程度だと種多様性が最大になるという考えが「中程度撹乱説」です。これは撹乱があまりにも強かっ

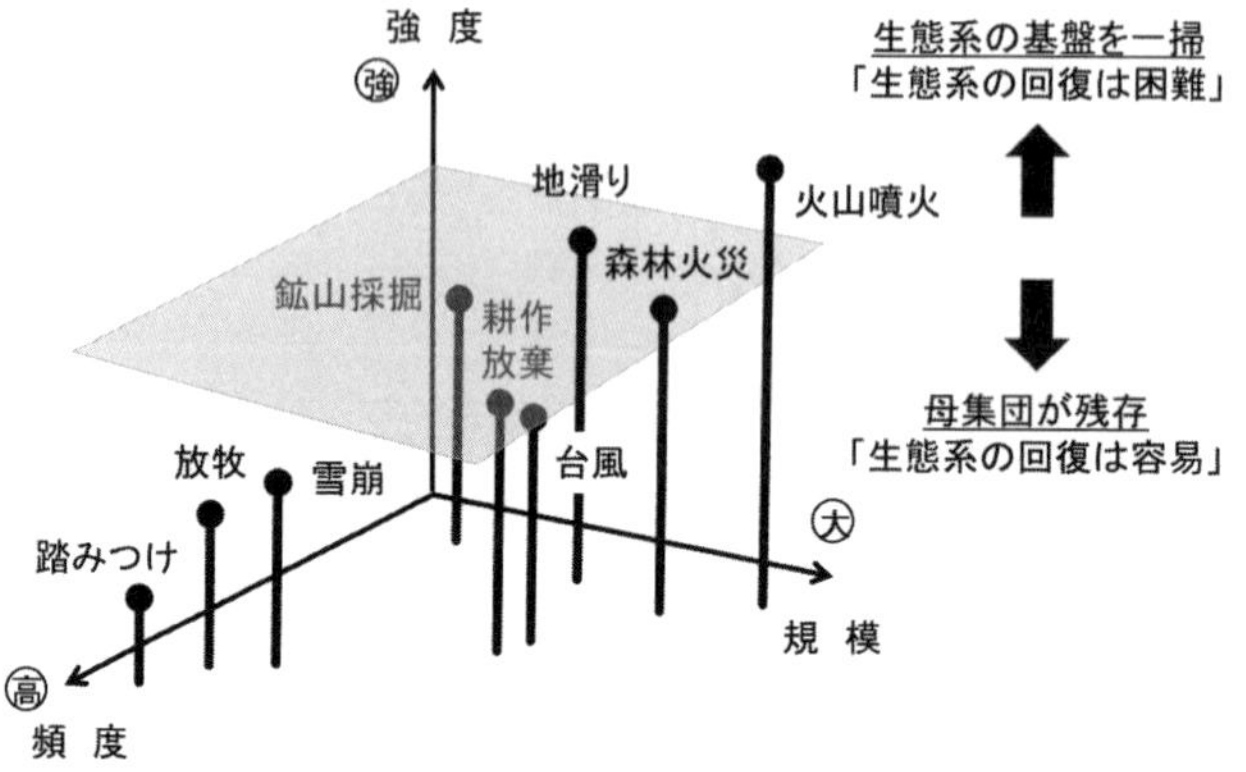

図. 様々な攪乱の生態的特徴を規模、強度、頻度の三次元で表した。灰色のレイヤーは「強度」を指標に、攪乱後の生態系の遷移過程を表している。レイヤーより上部の攪乱は一次遷移を引き起こすような壊滅的破壊をもたらす攪乱を、下部の攪乱は二次遷移を引き起こす攪乱をそれぞれ示す（(1)、(2) を改変）。

たり、高頻度だったり、広範囲に生じたりすると、大半の種は攪乱のダメージで絶滅してしまうのに対し、逆に攪乱が起きない場合には、種間競争にとくに強い少数の種だけが生き残るからです。

攪乱後の生態系の回復の速度は、攪乱によってもたらされる直接的ダメージの大きさとともに、その後の回復がいかにして生じるかにも強く依存します。陸上植物の場合、攪乱後に土壌中に残っている種子や栄養繁殖器官（根茎など）が、その後の回復において重要な役割を果たします。そのため、田起こしや放牧、踏みつけといったタイプの攪乱では、土壌中の種子や栄養繁殖器官がダメージを受けないため植生は容易に回復します。一方、大規模な森林火災や火山噴火では、土壌中の種子や栄養繁殖器官が失われてしまうため、植生の再生は長期にわたって見込めないことになります。

（早坂大亮／編集委員会）

第2部

干潟や岩場の生き物

3 津波でわかった生物群集の成因

占部城太郎

東日本大震災は私たち人間社会に大きな被害をもたらしましたが、生態学が長年課題としてきた問題を紐解《ひも》く機会も提供しました。地震や津波は自然現象であり、過去から幾度となく生じてきた攪乱《かくらん》です。したがって、生態系や生物群集に対する地震や津波の影響を冷静に調べることで、東北沿岸の自然の成り立ちを明らかにできる可能性があります。その一例を紹介したいと思います。

生態学者の大きな課題

ある一つの生息場所、たとえば干潟には様々な生物種が生息しています。このような生息場所ごとの生物種のあつまりを生物群集と呼びます。本書では、沿岸の生物群集に及ぼした地震や津波の影響とその後の回復過程について、蒲生《がもう》干潟（5章参照）や女川《おながわ》湾（6章参照）の例が詳しく述べられています。しかし、干潟によって津波の影響は異なり、またその後の生物群集の応答も異なっているかもしれません。というのは、景観や環境がよく似ている干潟でも、あるいはごく近くの干潟の間でも、生息している生物種は必ずしも同じではないからです。どうして場所によって生息する生物種のセット、すなわち生物群集は異なるのでしょうか？　この問題は、古くから生態学者の興味を惹《ひ》き付けてきましたが、未だ十分に解明されていない、大きな課題の一つです。

ニッチによる制限とは

生息場所によって群集を構成する種類が異なる原因として主張されている見方は二つにわけられます。一つは、種によって生息に適した環境が異なり、個々の生息場所もヒトの目にはよく似た景観や環境にみえても生物種にとっては環境が微妙に違っているという見方です。個々の生物種が生息できる環境の範囲をニッチと呼ぶことから、生息環境の違いによって生物群集が異なることを「ニッチによる制限」と呼んでいます。言葉は聞き慣れませんが、意味するところは極めて単純です。つまり、ある生息場所にその種のニッチがあるならその種は生息できる、よって個々の種のニッチの有無によって生物群集が決まるというわけです。このニッチによる制限には、単に生息場所の理化学的な環境の直接的影響だけでなく、その環境下で生息できる捕食や競争などの生物間相互作用の影響も含まれています。ニッチによる制限の考えは、環境が決まれば自ずと生物群集は決まり、環境が変われば群集も変化することを暗示しているので、決定論的な考えということができるでしょう。

よく似た生息場所間で生物群集が異なるもう一つの理由として、決定論的な考えとは対照的に、群集構造は偶然によって決まっているという見方が主張されています。先ほどのニッチによる制限ではどの種類も同じように生息場所にたどり着き、環境が適していれば群集に加入できる、いわば環境が生息種をフィルター（篩《ふるい》）にかけていることを意味しています。しかし、どの生物種もあらゆる生息場所に均等の機会でたどりつくとは限りません。生物種によって分散できる範囲が異なるのは十分にありそうなことです。また、生物の分散は風向きや海流など、その場所の環境だけでは決まらない要素にも依存しています。環境がよく似た生息場所間でも、偶然そこにたどり着く生物種は異なるかもしれませんし、ある生物は競争種や捕食種がまだたどり着いていないために生息できているのかもしれません。このような理由で生物群集が異なるとすれば、それは分散してきた生物種の違いによるものなので、「分散による制限」と呼ばれています。

先に、どうして場所によって生物群集が異なるかは未だ解明されていない課題と述べましたが、それは生物群集の種構成を決めるうえで決定論的なニッチ制限と偶然が支配するような分散制限のどちらが重要なのか、あまりよくわかっていないということなのです。よくわかっていないのは、室内実験とは異なり、生息場所という自然をまるごと対象にした実験ができないためです。

津波の被害状況

しかし、この困難な課題を調べる機会が、東日本太平洋沖地震により生じた大規模津波により訪れました。少し不謹慎かもしれませんが、自然という視点からみると、地震や津波による大規模な撹乱は壮大な実験と捉えることができます。仙台湾沿岸には多くの干潟が点在しています。これら干潟では私たちの研究室の鈴木孝男さん（4章執筆）を中心に、震災前から生息している海岸動物が調べられており、個々の干潟ごとに異なる生物群集が成立していました。たとえば、松島湾奥《わんおう》部の櫃《ひつ》ヶ浦《うら》干潟ではカワアイやフトヘナタリなどの巻貝が、鳥の海ではニホンスナモグリなどの甲殻類やイソシジミ、サビシラトリなどの二枚貝が特徴的でした。二〇一一年三月の震災時には仙台湾の沿岸に数メートルから数十メートルの津波が押し寄せたため、それら干潟の生物群集は撹乱されたと考えられます。どの干潟も、生物群集は一度シャッフルされたといえるかもしれません。もしそうであるなら、そして個々の干潟について震災前と同じ種構成の生物群集に再び戻ったとしたら、干潟の生物群集はそれぞれの生息環境、すなわちニッチ制限により形成されていたことになります。

とはいえ、東日本震災による津波はどの干潟にも大きな影響を及ぼしたのでしょうか？　津波によって干潟の生物群集がどうなったのか、私たちはとても気になりました。震災発生後、すぐにでも調査したかったのですが、沿岸域一帯は道路が寸断され、至るところにがれきが散乱していたため、しばらくは調査どころではありませんでした。しかし、震災発生後二か月たった五月には、一部の干潟にアクセスできる状況になったため、東北大学生物学科の学生に声をかけ、震災前の生物調査記録がある干潟で生物調査を始めました。震災直後に調査した干潟のうち、震災前にも調査していた九つの干潟（細《ほそ》浦《うら》、波津々浦《はづつうら》、寒風沢《さぶさわ》島、桂島、櫃ヶ浦、双観山《そうかんざん》下、蒲生、鳥の海、松川浦）について確認できた種数を比較したところ、影響の大きさは干潟によって異なり、特に大きな津波が押し寄せた干潟ほど種数の減少が大きいことがわかりました（図1）。たとえば、十数メートルの津波が押し寄せた鳥の海や松川浦のように、太平洋に面した潟湖《せきこ》（ラグーン）にある干潟では、種の消失が大きく震災前の三〜四割程度の種数しか確認できませんでした。

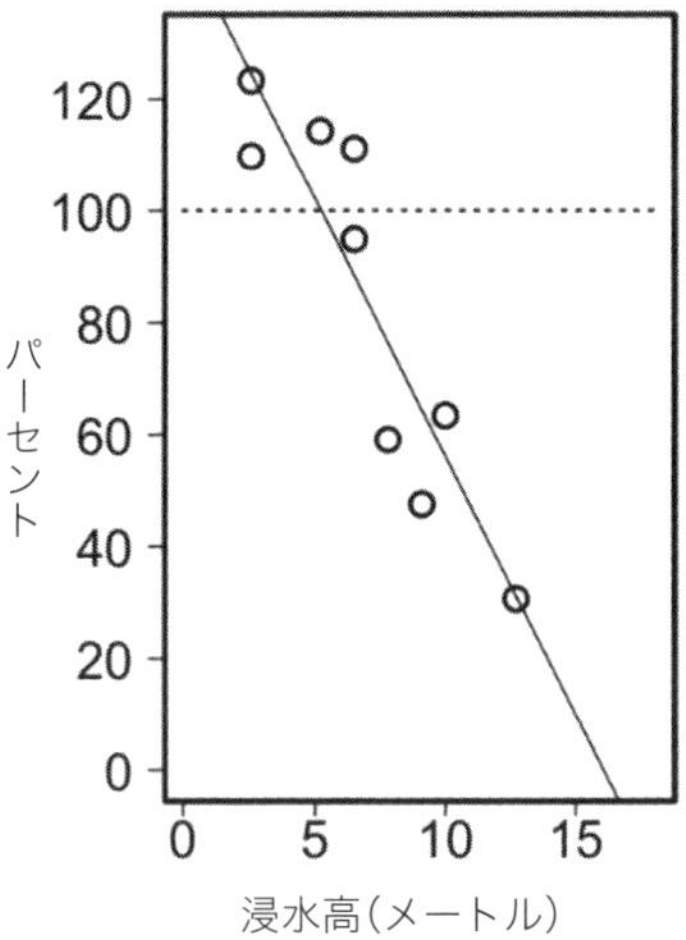

図1．仙台湾に点在する干潟生物群集の震災前に対する震災直後（2011 年）の出現種数の割合（パーセント）と各干潟の浸水高との関係 (2)。

一方、桂島や櫃ヶ浦のような松島湾奥部にある干潟では、津波の勢いが鈍化したためか、種数の減少は小さく、むしろ増加する干潟さえみられました。この増加した種を詳しく調べてみると、甲殻類のガザミのように、普段は潮下帯、すなわち干潟よりも深い水深で生活している生物でした。大きな津波は多くの種を一掃するとともに、比較的小さい場合には潮下帯に生息している生物を干潟に押し上げていたのです。

ニッチ制限は作用していたか

では、津波影響の大きかった干潟ではずっと生息種は減少したままなのでしょうか？ 震災直後の調査を終えて、疑問と興味は膨らむばかりでした。そこで私たちの研究室の大学院生だった西田樹生君（現環境省）が研究テーマとしてこの問題に取り組むことになりました。しかし、同じように多くの人数でたくさんの干潟の生物を調査することは私たちだけではできません。そこで、アースウォッチ・ジャパンという国際的なNGO団体にお願いしてボランティア調査員を募集し、二〇一二年から三年間で延べ二〇〇名を超える一般市民の方々に生物調査に参加していただきました（図2）。

図3は、震災前の調査データに加えて、震災発生後二〇一四年までの各干潟の観察結果を示したものです。やや専門的になるので詳しい解析方法は省きますが、この図は類似度という指数を用いて生物群集の種組成を数量化し表現したもので、点の距離が近いほど生物群集の組成がよく似ており、一方、点の距離が離れていたら組成が大きく異なっていることを示しています。図3でまず気づくことは、それぞれの点の位置が干潟によって異なっていることです。これは、干潟によってそれぞれユニークな群集が成立していたことを示しています。ところが、震災直後の二〇一一年には、多くの干潟で点の位置が大きく移動しました。津波によって多くの種が消失し観察されなくなったためです。

図2.　一般市民にも参加協力していただいた干潟での生物調査（2013年6月　福島県相馬市松川浦）。

では、ボランティア調査員と行った二〇一二年以後はどうでしょうか。私たちも驚いたのですが、図3に示すように、二〇一一年に大きく移動した点の位置が、二〇一二年には震災前の位置に向かって戻って来ています。つまり、震災発生後一年を経た段階で、震災直後にはみられなかった多くの種が観察されるようになったのです。個体数としてはまだ少なかったのですが、この結果は、私たちが考えていた以上に生物の回復力は大きく、自然の再生は迅速であることを物語っています。図3で注目すべきもう一つは、生物群集の点の位置が、ほぼすべての干潟で震災前の点の方向に移動していることです。震災直後には出現種が減るなど生物群集は大きく変化しましたが、松川浦の群集は桂島の群集のようにはならず、

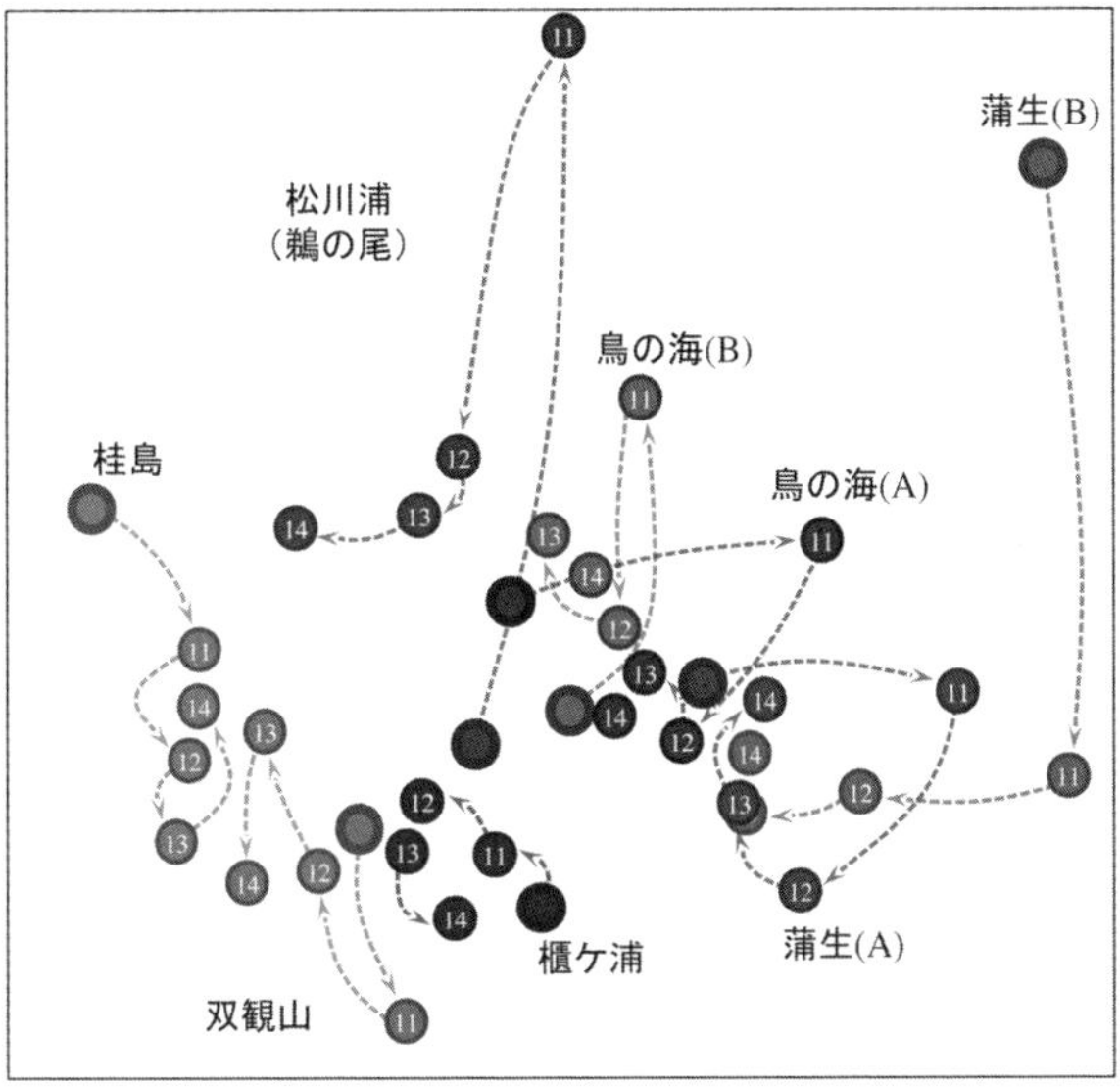

図3. 仙台湾に点在する干潟生物群集の震災前の種組成と震災発生後の経年変化。各干潟における生物群集の年変化は、点線のつなぎと矢印で示してある。塗りつぶした点は震災前を、内部に数字のある点は震災発生後の調査年（2011～2014年の下2桁）を示す。詳細は本文参照（(1) を改変）。

鳥の海の群集が松島湾奥部の櫃ヶ浦のようになることもありませんでした。多くの干潟で震災前に成立していたユニークな群集に戻りつつあることは、それぞれの干潟をとりまく環境や立地によって生物群集が成立していることを示しています。これは極めて重要な結果です。というのは、これら干潟の生物群集は生息環境によってそのおおよその構造が決まっていることを示しているからです。すなわち、干潟の生物群集はニッチによる制限が大きく作用して成立しているといえそうです。蒲生の調査では、私たちは七北《ななき》田《た》川側（Aエリア）と奥部（Bエリア）に分けて調査をしましたが、このうちBエリアの群集は元に戻ることなく二〇一四年にはAエリアによく似た群集になりました。5章で詳しく述べられていますが、震災前はこのBエリアにヨシ原が広がっていました。しかし、震災によりヨシ原は消失し、底質もAエリアのように砂質となりました。したがって、この2つのエリアでよく似た生物群集が成立するようになったことも、生物群集にニッチ制限が大きく作用していることを支持しています。

しかし、私たちの調査では、干潟の生物群集が必ずしもニッチ制限だけで成立しているわけではないことも示されています。松島湾奥部の櫃ヶ浦や双観山では津波の影響は小さいものでしたが、生物群集は毎年少しずつ変化していました（図3）。このような年々の変化は、震災による津波の残余的な効果とは考えにくいものです。また、松川浦や鳥の海でも、生物群集は震災前の方向に戻りつつありましたが、二〇一三年や二〇一四年の調査では歩みは遅く、図3では足踏みしているようにみえます。この足踏み状態を調べてみると、いくつかの種が消失する一方、新たな種が観察される、といったように群集の種構成が一部入れ替わるためであることがわかりました。いろいろな干潟で少なからず種が入れ替わるということを、生息環境や津波影響だけで説明するのは困難です。どの干潟でも、ある種は極端に個体数が少なく、あるいは絶滅したり、また海流に乗ってたどり着いた種が新たに定着して増えたりということが、環境と関係なく起こっているのかもしれません。とすれば、それは半ば偶然が左右するような分散制限も部分的には群集構成に作用していることになります。

今後の調査の課題

ここで紹介したように、これまでの調査から生物群集の回復は考えていた以上に早いこと、どのような種が定着するかはニッチ制限が強く作用していることなどがみえてきました。しかし、果たして、個々の干潟が震災前とまったく同じ状態になるのでしょうか、あるいは偶然ともいえる分散制限も少なからず群集構造に関与しているのでしょうか。生態学のある研究によれば、攪乱後、生物群集が元に戻るには構成する生物種のおよそ三世代分ほどの時間が必要といわれています。干潟の生物は早いものは一年で世代交代しますが、干潟の生物を捕食する魚類には世代交代に二～三年かかる生物種もいます。とすれば、干潟の生物群集が東日本大震災前の状態に戻るには九年、あしかけ一〇年程度はかかることになります。干潟の生物群集がどのように決まるのかを論じるには、まだ時期尚早かもしれません。この課題に決着をつけるため、私たちは二〇二〇年まで調査を続けたいと考えています。

4 干潟の底生動物レッドリスト種は大津波を乗り越えられたのか

鈴木孝男

近年、干潟が全国的に減少したことに加え、環境悪化や沿岸域での様々な工事の影響で、底生動物にも生息が危ぶまれる種類がみられるようになりました。環境省では、絶滅の恐れがある動植物のリスト（レッドリスト）を作成しており、二〇一四年には、改訂版の『レッドデータブック２０１４』が公表されました。[1] また、底生動物の研究者で構成される「日本ベントス学会」では、二〇一二年に『干潟の絶滅危惧動物図鑑――海岸ベントスのレッドデータブック』を発行しました。[2] ところで、これら全国版のレッドリストは必ずしも地方の実態を反映しているわけではありません。日本は南北に長く、海岸地形も多様だからです。そのため、沿岸域を有する都府県の多くでは独自のレッドリストの中に底生動物も取り上げています。

宮城県のレッドリスト調査

3章や5章で紹介されているように、地震と津波の影響を受けた干潟でも、底生動物の普通種の回復は思ったよりも早いものでした。それでは、レッドリスト種はどうでしょうか？　レッドリスト種は、もともと生息数が少ないので、津波で遠方へ流されたり、土砂で埋められたりして絶滅してしまったのかもしれません。一般に、絶滅を引き起こす要因としては、乱獲、汚染、地球温暖化や外来種の侵入など、いくつか考えられますが、地震や津波による生息場所の破壊や減少も生物の多様性を低下させる大きな要因の一つです。それぞれの地方でレッドリスト種の現況を調べ、それをもとに、限られた環境に少数が生息するレッドリスト種を守る方策を考えることは、生物多様性全体を保全することにつながるのでとても大事です。

宮城県では、二〇〇一年にレッドデータブックを発行しましたが、その中には底生動物は含まれていませんでした。そこで、二〇〇八年に着手された改訂の際に、干潟の底生動物を含む海岸動物についても取り扱うことになりました。そのために、海岸動物分科会が組織され、資料の収集や現地調査を経て、二〇一一年二月にはレッドリスト種の選定がほぼ完了しました。しかし、その一か月後の三月に東北地方太平洋沖地震が発生し、それにともなう津波が沿岸域を大きく改変したことから、レッドデータブックの発行は延期されました。二〇一三年になってようやく改訂版レッドリストが公表され、二〇一五年度中には改訂版レッドデータブックが発行される予定です。

宮城県の改訂版レッドデータブックでは七〇種の海岸動物が取り上げられ、カテゴリー別にみると絶滅の危機に瀕《ひん》している「絶滅危惧Ⅰ類（CR＋EN）」が四種、絶滅の危険が増大している「絶滅危惧Ⅱ類（VU）」が一六種、現時点での絶滅危険度は小さいが、生息条件の変化によっては「絶滅危惧」に移行する可能性がある「準絶滅危惧（NT）」が二一種、「情報不足（DD）」が二三種、分布の北限や南限であるなど、宮城県「要注目種」が六種となっています。

津波前後のレッドリスト種の変化

私たち海岸動物分科会のメンバーは、宮城県のレッドリスト種を選定するために、津波前に南三陸沿岸域と仙台湾沿岸域について情報を収集し、現地調査も行っていました。これによって、津波後にも各地の干潟で現地調査を行い、レッドリスト種の出現状況を津波前後で比較することが可能となりました。ここからは、主に仙台湾沿岸域のレッドリスト種の種数が、津波前後でどのように変化したか、それぞれのレッドリスト種の生息地点数の変化はどうかを紹介し、レッドリスト種への大地震・大津波の影響と、今後の保全ではどんな点に注意すればよいかを考えてみます。

仙台湾沿岸域では内湾や潟湖《せきこ》に小~中規模の干潟がみられ、蒲生《がもう》干潟や井土浦のように砂嘴《さし》が破壊された干潟がありましたが、湾口が狭まった形をしている松島湾の奥などでは津波の破壊力が減衰し、ほとんど攪乱《かくらん》がなかった干潟もありました。攪乱が小規模だった干潟は親個体群が多く残されていることから、レッドリスト種も含めて幼生の供給源として貴重な場所です。また、万石浦《まんごくうら》では、津波の影響は小さかったのですが、地震の際の地盤沈下によって、広くみられた干潟は干潮時でも干出しない海の底になってしまいました(10章参照)。その代わり、面積は狭いのですが、かつて陸だったところに満潮時には海水が入るようになり、新たに干潟が形づくられました。

このような状況の中で、津波前は六八種確認されていた干潟を主な生息場所とする底生動物のレッドリスト種(環境省、ベントス学会、宮城県指定の種)は、津波直後から二〇一五年までの調査では五二種が再確認されました。まだみつかっていない種が一六種ある一方、新たにみつかった種が七種ありました。津波後に新たにみつかったレッドリスト種はほとんどが宮城県では未指定の種で、これまで仙台湾では記録のなかった種でした。幼生の分散によって種が分布を広げていくには、海域と生息場所である干潟との連続性が保たれていることが必須ですが、大津波の後でも、この連続性に問題はなく、分散してきた幼生が定着できる干潟が少しでも残されていれば、あるいは新たに形成されていれば、すみ込むことが可能だったと思われます。津波を乗り越えて津波後にも確認されたレッドリスト種が五二種(津波前確認種の七六パーセント)と多かったことも、このことを裏付けています。未発見の種は仙台湾ではすでに絶滅した可能性が高いのですが、全域をくまなく調査しているわけではないので、どこかに生き残っている可能性もあります。

それぞれのレッドリスト種の出現地点数の変化をみると、仙台湾沿岸域で津波後に出現地点数が減少した種はヨシ原に生息するヨシダカワザンショウ、ヒナタムシヤドリカワザンショウ（図1）、フトヘナタリ（図2）、干潟上をはい回っているウミニナ（図3）、砂泥底に潜っているサビシラトリガイ（図4）などでした。また、増加した種は砂泥底に潜っているホウザワイソギンチャク（図5）やヒモイカリナマコ（図6）と、干潟上をはい回っているマツカワウラカワザンショウ（図7）でした。マツカワウラカワザンショウは福島県松川浦の固有種でしたが、津波後に宮城県南部の干潟に出現するようになりました。おそらく少数個体が津波の際に運び込まれたのではないかと考えています。また、オオノガイ（図8）も出現地点数が増加した種ですが、本種は底土中に深く潜って生息し、一度底土表面にまきあげられたら自力で再び底土中に潜り直すことはできません。このため、広く各地でみられるようになったのは、幼生による分散が成功したためと考えられます。しかし、同じように底土中に潜っているサビシラトリガイは津波後に出現地点数が減っていましたので、生息環境が似ていても、回復の過程は種によって異なっているようです。南三陸沿岸域でも、ヨシ原に生息するヨシダカワザンショウや砂泥底に潜っているサビシラトリガイでは生息地点数が減少し、砂泥底に潜っているオオノガイの生息地点数は増加していました。

レッドリスト種の生息場所の保全

以上のように、津波後には、生息地点数が増えた種もいれば、逆に減った種もいました。ヨシダカワザンショウ、ヒナタムシヤドリカワザンショウ、フトヘナタリなどは、生息場所であるヨシ原の多くが津波で消失したために出現地点数が減少しました。いくつかの地点では絶滅してしまったということです。やはり、生息場所の破壊や減少は、絶滅の可能性を上げるようです。ヨシ原やそれに隣接した干潟の陸側は、津波後の復旧工事によっても改変されることが多く、保全のための措置が必要な場合があります。ヨシ原がほとんど回復していない現状では、ヨシ原にすむレッドリスト種は絶滅寸前といえますが、狭い面積でもヨシ原が残された場所には少数が生息していることから、こうした生息場所を保全しておけば、その近くのヨシ原が回復した時には、幼生分散によ

図1．ヒナタムシヤドリカワザンショウ（宮城県・環境省・ベントス学会 NT）。

図2．フトヘナタリ（宮城県 VU・環境省・ベントス学会 NT）。

図3．ウミニナ（宮城県・環境省・ベントス学会 NT）。

図4．サビシラトリガイ（環境省・ベントス学会 NT）。

図5．ホウザワイソギンチャク（宮城県・ベントス学会 NT）。

図6．ヒモイカリナマコ（宮城県 DD）。

図 7. マツカワウラカワザンショウ（環境省・ベントス学会 VU）。

図 8. オオノガイ（宮城県・環境省・ベントス学会 NT）。

図 9. ハマガニ（宮城県 CR + EN、ベントス学会 NT）。

図 10. アカテガニ（宮城県 NT、ベントス学会 LP）。

図 11. スナガニ（宮城県 VU）。

図 12. カワグチツボ（宮城県 CR + EN、環境省・ベントス学会 NT）。

ってヨシ原にすむレッドリスト種も徐々に増える可能性は残されています。

ハマガニ（図9）もヨシ原に生息するレッドリスト種です（宮城県／絶滅危惧Ⅰ類）。津波前には蒲生干潟をはじめ数か所で生息が確認されていましたが、少数であり、仙台湾沿岸では明らかに激減していました。大型のカニで、ヨシ原に穴を掘ってすみ、夜行性であることから目にふれにくい種でもあります。本種は、津波後の二〇一二年に、名取川河口右岸に位置する広浦の南側の地域で雄一個体が発見されました。発見場所は、津波で農地が破壊され、海水が浸入して湿地状態になり、大小の水たまりが多く形成されていたところで、津波で流されてきたアシハラガニやクロベンケイガニなどの個体が多く生息していました。この場所は、その後、農地に戻す工事が進められ、すでに湿地は埋められてしまいました。

ハマガニは、他にも、南三陸の津谷川河口で二〇一五年になって初めて発見されました。もともと少数が生息していたのかどうかは不明ですが、北限の生息地としても貴重です。津谷川河口は津波の影響が甚大だったところで、両岸には一四・七メートルの高さの堤防が建設されることになっています。この場所一帯では他にもレッドリスト種のアカテガニ（図10）やスナガニ（図11）が確認されており、どのような配慮をすれば絶滅を防ぐことができるのか、工事前に生息状況調査を実施し、工事か所の設計に配慮事項を盛り込むなどの段取りが考えられています。

また、宮城県で絶滅危惧Ⅰ類に指定されているカワグチツボ（図12）は、殻長五ミリメートル程度の巻貝ですが、津波後に新たに形成された干潟に生息していることが確かめられました。津波で運ばれてきたと思われます。

このように、津波後に新たにできた湿地や干潟にレッドリスト種の生息が確認された場合は、彼らの保護や生息場所の保全について、事前に何らかの対策を講じることが必須です。しかし、新たに形成された湿地や干潟の多くは復旧過程で埋め戻されることが多く、特別に配慮されない限り、そのままの状態で保全されることはありません。生息場所の土砂ごと工事外の場所に取り置きし、工事後に周辺の生息適地に戻すなどの配慮が望まれます。

5 津波によって蒲生干潟はどう変わったか

金谷　弦

津波がもたらした生態系への影響を調べることは、とても難しいことです。巨大津波はめったに起こらないため、調べるチャンスがありませんでした。また、津波の影響を調べるためには、とても長い期間のデータが必要です。海に暮らす生き物は、気候や海流の変動、洪水、干ばつ、台風などの出来事により、増えたり減ったりを繰り返しています。津波後にみられた変化が、津波が原因なのか、それとも通常の「増えたり減ったり」の範囲に入るものなのか？　これらを区別することは、簡単ではありません。

蒲生干潟の生き物

宮城県仙台市にある蒲生干潟《がもう》で、私が二枚貝やゴカイといった底生動物（ベントス）の研究を始めたのは一九九六年でした。蒲生干潟では、一九七〇年代から、指導教官であった菊地永祐先生はじめ東北大学理学部生物学教室のメンバーによって、多くの研究が進められていました。宮城県の委託を受けた調査も毎年行われていたため、長期間にわたる詳細なデータが残っていました。震災発生後間もない二〇一一年六月、私たちはがれきがあちこちに散乱した蒲生干潟を訪れ、津波で干潟の環境や生き物がどう変わったかを調べ始めました。

蒲生干潟は、仙台市北部を流れる七北田《ななきた》川の河口に形成された、奥行き約八〇〇メートル、幅約二五〇メートルの

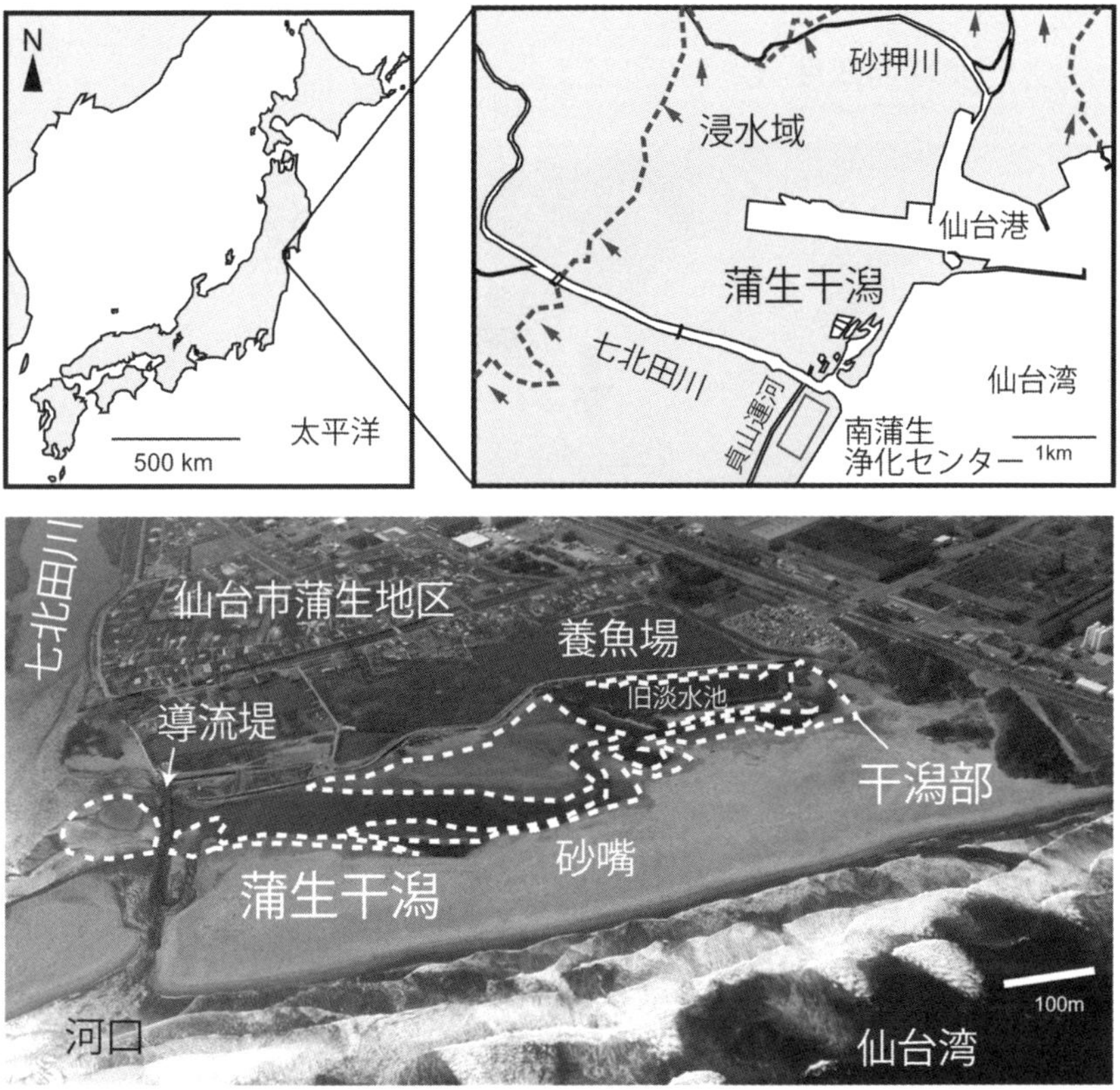

図1．蒲生干潟（宮城県仙台市）の地図（上）と2013年5月の航空写真（下）。上右図中の波線は津波浸水域、下図中の波線は干潟部を示す（航空写真：鈴木孝男撮影）。

ルの潟湖《せきこ》干潟です（図1）。潮の満ち干により、潟の入り口から海水が出入りします。周囲にはヨシ原が広がり、砂嘴《さし》（蒲生干潟と海を隔てる砂の州）の上にはハマヒルガオやケカモノハシなどの海浜植物が生えていました。水深は浅く、胴長を履けば全域を歩き回れました。震災前の蒲生干潟はとても富栄養な環境で、潟の奥の方には有機物をたくさん含んだ軟泥（ヘドロ）が溜まっていました。干潟を掘ればカワゴカイ属（いわゆる「ゴカイ」）、ドロオニスピオなどの多毛類（6章参照）と、ヨコエビ類が顔を出し、その密度は一平方メートルあたり数万個体にもなりました。二枚貝ではイソシジミやアサリが多産し、その密度

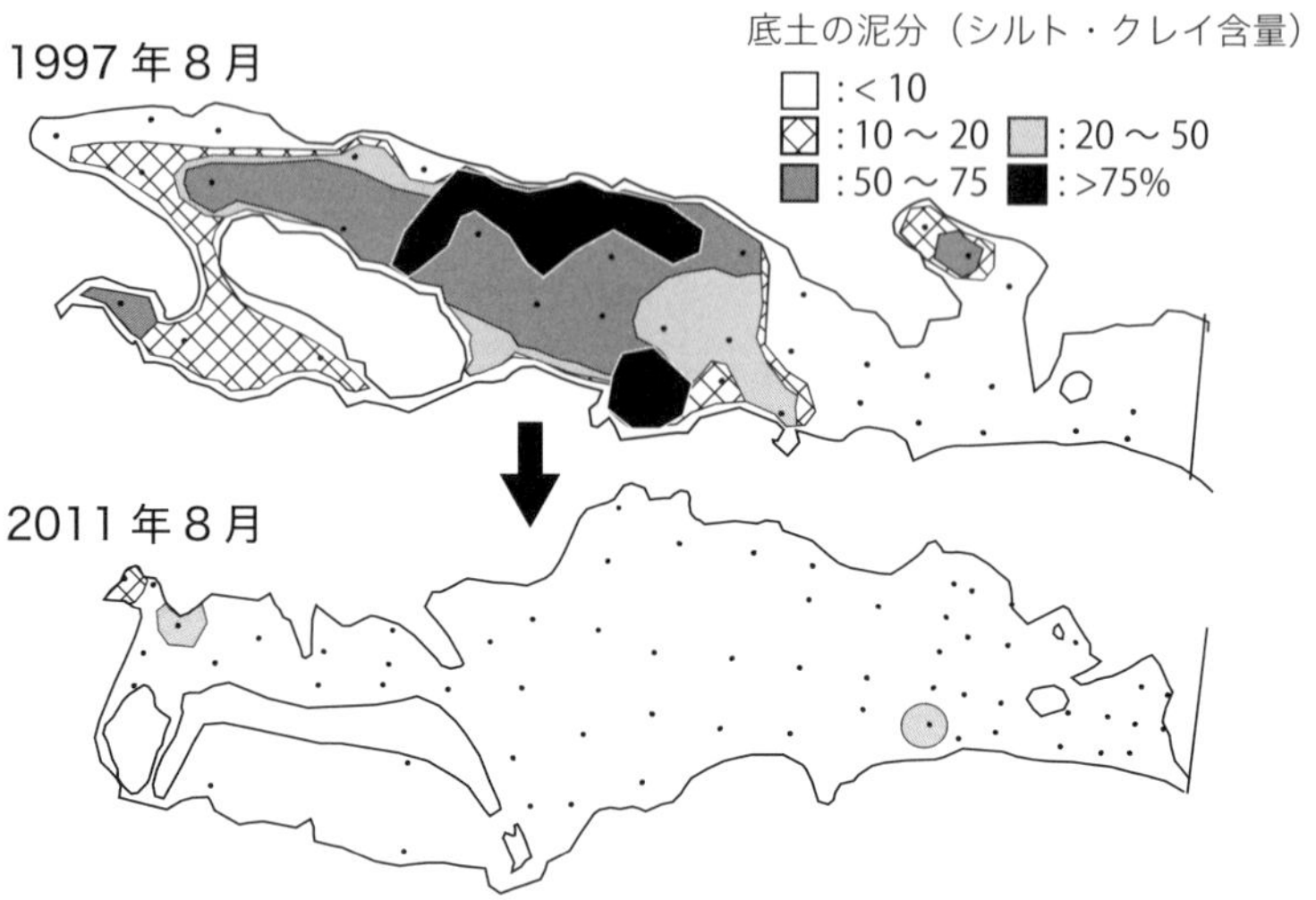

図2．蒲生干潟底質の泥分分布。1997 年（上）と 2011 年（下）の比較。黒点は調査地点（(1) を改変)。

は一平方メートルあたり数百から千個体にもなりました。蒲生干潟はシギ・チドリ類の飛来地としても知られ、国の鳥獣保護区や県の自然環境保全地域に指定されています。

津波の影響

二〇一一年三月一一日に、蒲生干潟は七メートルを超える津波に襲われました。海側の砂嘴はほぼ完全になくなり、潟は外海に直接面した砂浜となりました。しかし、波が運んできた砂の堆積により、二か月後には元の地形に戻りました。[1] 砂嘴上の海浜植物は、津波で完全に流失しました。二〇一三年になると、砂嘴の一部に海浜植物が戻ってきましたが、震災前と比較してその面積、種数ともに少なくなっています。震災前には見られなかった外来種のオニハマダイコンも、分布を広げています。ヨシ原だった場所には、一年生植物のハママツナが群生しています。この種は、宮城県の準絶滅危惧種にも指定されている、比較的珍しい植物です。このように、植物の種構成や分布域は震災前と大きく変わりました。

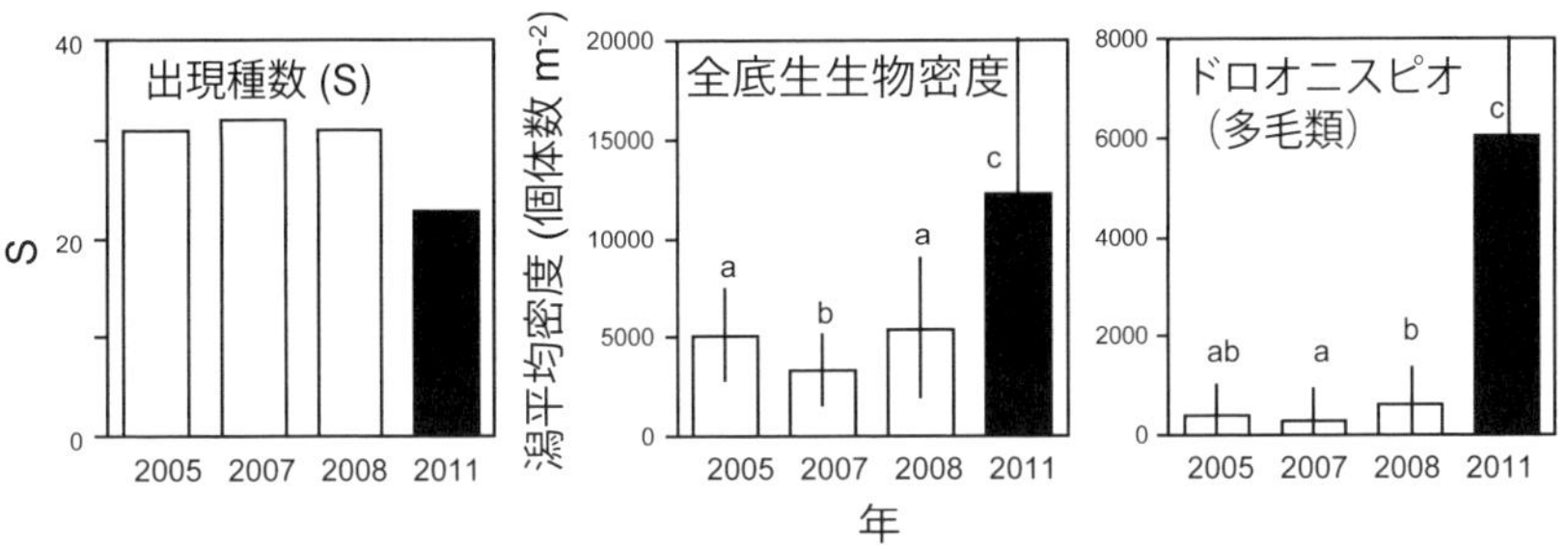

図 3. 蒲生干潟内 30 地点における大型底生動物の総出現種数（左）、平均密度（中）、及びドロオニスピオの密度。バーは標準偏差。異なるアルファベットは、Tukey-Kramer test による有意差を示す（$p < 0.05$）。出現種数は積算値であるため検定を行っていない（(1) を改変）。

津波により、蒲生干潟の環境はどのように変化したのでしょうか。一番の変化は、干潟の土が泥から砂へ変わったことです。津波は蒲生干潟の広範囲に厚く堆積していた軟泥を運び去り、かわりに大量の砂が運ばれてきました（図2）。そのため、底土の泥分は著しく低下し、潟全域が砂質化しました。軟泥中では微生物の働きによって有毒な硫化水素が発生し、夏になると水の中の酸素もなくなるため、毎年たくさんの底生動物が死んでいました。しかし、震災発生後には、硫化水素の蓄積はほとんど認められません。津波は、何十年もの間に蓄積した軟泥を巻き上げ、運び去りました。巨大な津波の力は、底生動物にとってむしろプラスの方向へと干潟の環境を変化させました。

底生動物が果たしている役割

干潟は、海の生態系の中で、重要な役割を担っています。干潟は、水中の栄養塩（リンやチッ素など植物や植物プランクトンなどの栄養となる物質）を取り除いて水をきれいにします。また、川や陸から流れ込んだ有機物を分解し、魚や水鳥のすみかにもなります。このような、様々な役割（機能）を「生態系機能」や「生態系サービス」と呼びます。干潟の生態系機能にとって、底生動物が果たす役割は非常に大きく、縁の下の力持ちとなっています。

震災発生後、底生動物たちはどうなったのでしょうか。二〇一一年夏、私たちは蒲生干潟で底生動物の分布を調べました。その結果、震災前にいた七九種のうち、四七種がほぼ絶滅していました。[2] 二枚貝のうち、多くが津波を生き延びたのはイソシジミだけでした。アナジャコや多くのカニ類もいなくなりました。一方、驚いたことに、一部のゴカイやヨコエビ類が著しく増加していました。底生動物の数と種類数を、震災前後で比べると、種類数は一〇種ほど減っていましたが、平均密度は二倍以上に増えていました。中でも、多毛類のドロオニスピオの密度は震災前の一〇倍以上となっています（図3、6章参照）。私たちはこの理由として、底生動物が好む砂地が増えたこと、競争相手がいなくなったことが特に重要だと考えています。翌二〇一二年になると、アサリやソトオリガイといった二枚貝も徐々に戻ってきました。隣り合った海や河口部から、潮の流れに乗って浮遊幼生が運ばれてきたようです。一方で、アナジャコ類やヨシ原に生息する巻貝のフトヘナタリ（4章図2参照）は、いまだに回復の兆しがみえません。このように、津波後の回復速度には、底生動物の種間で大きな違いが見られました。これには、繁殖力の違いや、生息に適した環境の違いなど、様々な要因が関係していると考えています。

震災発生後五年が経ち、蒲生干潟の底生動物は徐々に震災前の状態へと戻りつつあります。一方、海浜植物やヨシ原はほとんど回復していません（図4）。アメリカで行われたヨシ原の再生事業では、巻貝、魚類、鳥類が以前の状態に回復するまでに五～一五年以上の時間をかかりました。[3] 私たちは、蒲生干潟の生態系が回復するまでに、数十年単位の年月がかかると予想しています。

干潟の価値

干潟には、大きな価値があります。環境省の試算では、一ヘクタールの干潟が生み出す生態系サービスの価値は、

図４．震災発生前の蒲生干潟のヨシ原の様子（2004 年 6 月)。5 年後の現在、元の状態にほとんど回復していない。

お金で表すと年間で一二四二万円にもなります。すなわち、面積一一・八ヘクタールの蒲生干潟は、少なくとも年間約一億五千万円の価値をもっていると考えられます。仙台湾沿岸では、防潮堤や河川堤防の復旧工事が急速に進んでいます。このような工事を行うにあたっては、生態系を必要以上に変化させないよう、十分に注意しなければなりません。人類の共有財産としての干潟を、次の世代にどのように残し伝えていくか。津波から私たちが学び、考えなければいけないことはまだまだたくさんありそうです。

6 泥の中にすむ多毛類はどうなったか

大越和加

多毛類とは

干潟や湾奥《わんおう》の泥の中には、たくさんのゴカイの仲間が生息しています。ゴカイの仲間は多毛類と呼ばれ、土壌にすむミミズに毛を生やしたような形をし、大きさはミリメートル単位から大きいものでは一メートルを超えるものまで、一万を超える種類が知られています。その多くは、川の水と海の水が混ざる汽水域から深い海の底にすみ、水中に懸濁しているプランクトンをろ過して食べたり、海底の表面の有機物を触手でたぐり寄せて食べたり、または泥を丸呑みしその中の有機物を吸収して生活しています。それらはいろいろな生物の食物となって食物連鎖をつなぎ、また、水中の有機物をろ過する浄化機能や、巣穴を掘り、泥を食べるなど、底質をかき混ぜて物質を循環させる機能をもっています。このように、多毛類は、海の生態系にとってとても大切な生物のグループです。また、多毛類は、水中に溶けている酸素濃度が低く、有害となる硫化物が溜まっているところなど、生物にとって適さない環境にも生息することが知られ、そのような種類は汚染指標種となります。一方、多毛類は、ミミズの仲間の貧毛類と同様、環形動物門に含まれる大きな生物のグループですが、DNAの違いを調べた結果、これまでの「多毛類」を一つのグループとしてくることには疑問が投げかけられ、再検討が迫ら

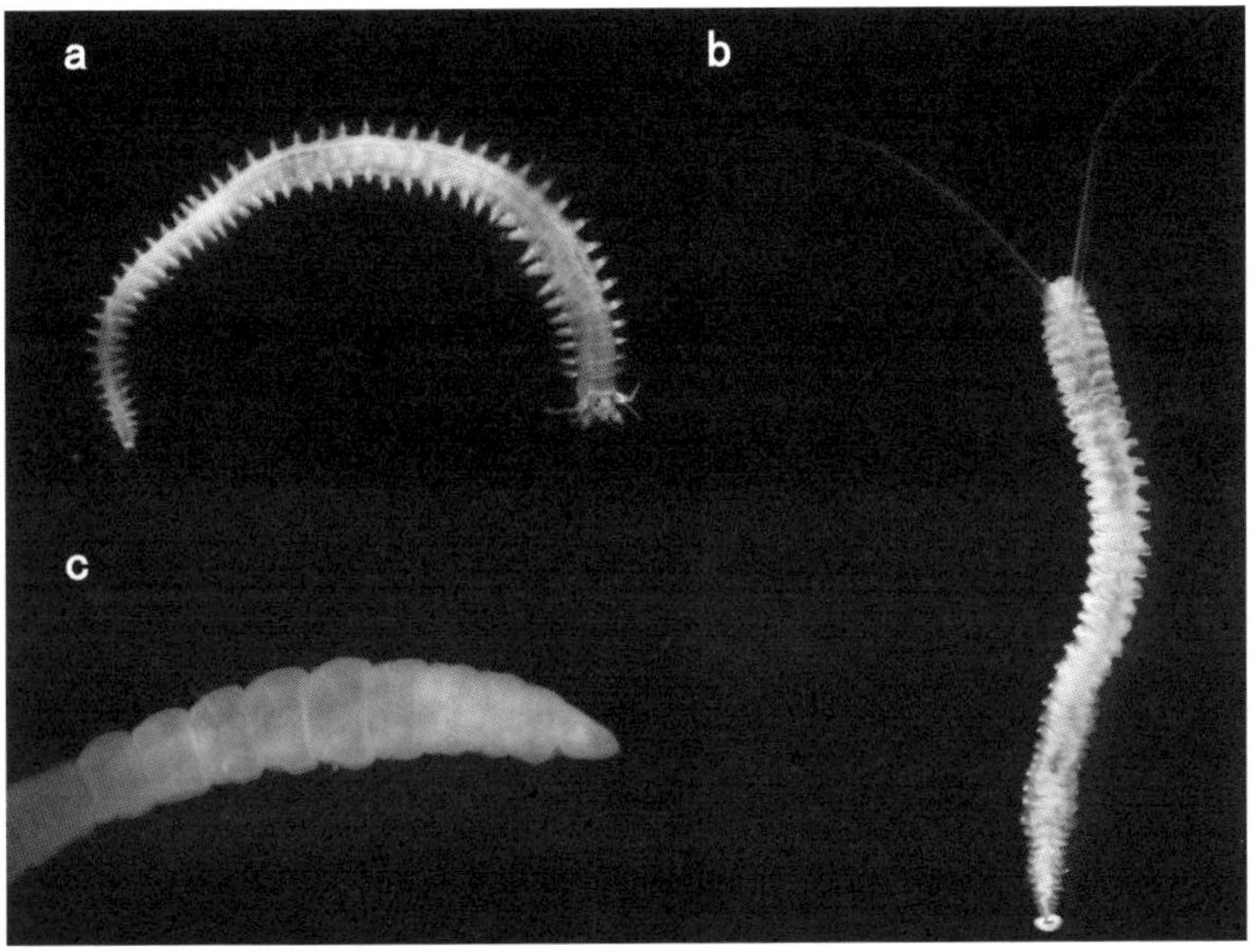

図1．蒲生干潟に生息する多毛類。a：カワゴカイ、b：ドロオニスピオ、c：イトゴカイ(3)。

れています。

宮城県仙台市の蒲生《がもう》干潟（潮の干満がある）と牡鹿半島の付根にある女川湾《おながわ》（常に水中にある）、干潟と湾という性質の異なる二つの海で、地震と津波による攪乱《かくらん》後どのような生物の変化がみられたのかを、移動性が小さく、海底の環境に大きく依存している多毛類を中心にまとめていきます。

蒲生干潟の底生動物の変化

蒲生干潟は、仙台市の七北田《ななきた》川河口に位置していて、イシガレイなどの稚仔魚《ちしぎょ》の生育場やシギ・チドリ類などの渡り鳥の中継地として重要な役割を果たしています。こうした魚や鳥の重要な食物が多毛類です（5章参照）。地震前の調査では、海底表面や泥の中に含まれる有機物を食物とするカワゴカイ(図1a)やドロオニスピオ(図1b）という多毛類が多く生息していました。二〇一一年三月の大地震とそれにともなう津波により、干潟は地盤沈下し、砂浜は消失し外洋との区別がなくなりました。五月、津波発生後初めての調査を行いましたが、生物は極めて少なく、多くの生物が消失、死滅したと考えられました。いつもはみられない種類の多毛類などがごくわずかにみられるのみでした。しかし、その直後、六～七月には多毛類の急増が観察され、限られた種類、イトゴカイ（図1c）、カワゴカイ、ドロオニスピオが優占しました。特に、「日和見種《ひよりみ》」といわれ、撹乱により生物がいなくなった後の空いた空間にいち早く侵入してくる小型のイトゴカイが最も多く観察されました。これらの種類はサイズが小さく、新しく生まれて入って来た個体であると考えられました。蒲生干潟に生息するカワゴカイには、形態が非常によく似ているヤマトカワゴカイとヒメヤマトカワゴカイの二種が含まれ、ヤマトカワゴカイは幼生が約一か月の浮遊期間を経て五月頃に着底することが知られ、一方のヒメヤマトカワゴカイは春と秋に孵化《ふか》した幼生が浮遊期をもたずにただちに底生生活を行うことが知られています。六～七月は両種ともに新しく生まれた個体が入ってくる時期にあたるため、ヤマトカワゴカイは「浮遊幼生」が存在したことによって、ヒメヤマトカワゴカイは親の生き残りが存在したために津波による撹乱後まもなく次の世代を増やすことができたと考えられました。

その後、津波により失われた土砂は驚くべき速さで堆積し、八月には七北田川河口が閉塞しました。八～九月には、台風の発生により七北田川が出水し、河口閉塞により行き場を失った河川水は干潟内に流れ込み、干潟内を七北田川が流れる形で新しい河口が北側に開きました。この時期、干潟内は潟奥部を除いて淡水化しました。二〇一二年三月に治水工事が行われ、津波発生前と同じ位置に河口が開くまで、干潟内では淡水化による生物の減少がみられ、汽水域にすむ多毛類ヤマトスピオや淡水性の甲殻類ヨコエビなど、特徴的な種類が出現しました。一方、淡水化の影響をあまり受けなかった潟奥部では、一〇月から二〇一二年八月まで、カワゴカイやドロオニスピオが多くみられました。そして、二〇一二年夏を境に底生動物の群集に大きな変化がみられました。二枚貝類が干潟全域で増加し、多毛類ではドロオニスピオが減少し、替わってイトゴカイが増加しました。

蒲生干潟では、地震と津波による撹乱後、生物は激減し、その後、多毛類と甲殻類のヨコエビは比較的早い段階で個体数を増やしましたが、二枚貝類は遅れました。二枚貝類には春から夏にかけて繁殖し、浮遊幼生として外に出た個体が、夏に親の集団に加わる種類が多いので、夏の河口閉塞や台風による淡水化がこうした二枚貝類の加入を妨げた可能性が考えられます。また、潟入口には浮遊幼生をもつ種類が、潟奥部には浮遊期をもたない種類が出現し、干潟内の場所による違いが観察されました。攪乱から時間が経つにつれ、生物の種類は増えているものの、まだまだ変化は続いています[1]。

女川湾の底生動物の変化

女川湾の奥の水深二〇メートルの海底は、泥の底質を反映して、多毛類が最も多く出現します。攪乱が起こる前は、一年を通してモロテゴカイ（図２a）とミズヒキゴカイ（図２b）の仲間が最も多く生息していました。モロテゴカイとミズヒキゴカイは、体の一部を泥の中に埋め、海底の泥の表面に堆積した有機物を長い触

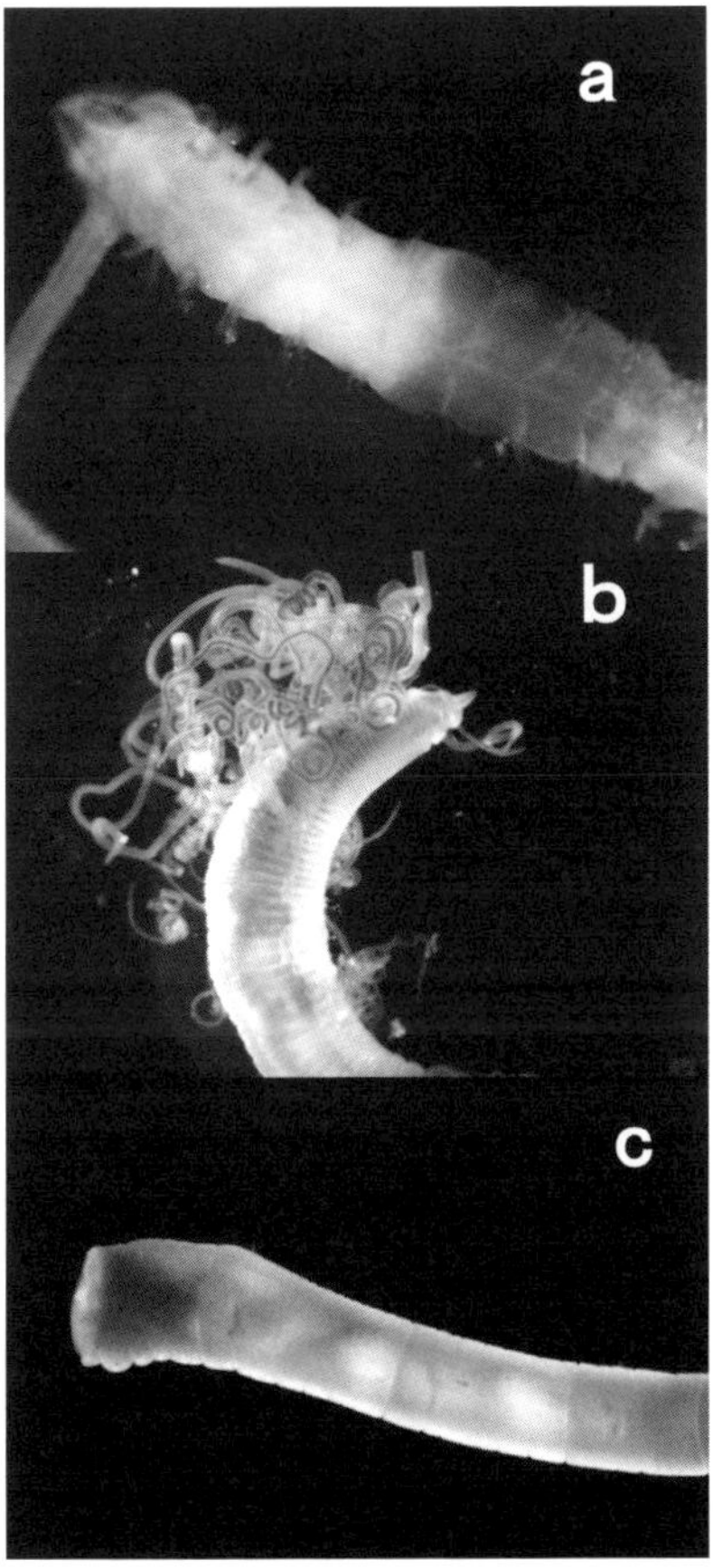

図２．女川湾に生息する多毛類。a：モロテゴカイ、b：ミズヒキゴカイ、c：タケフシゴカイ (3)。

手で捉えて食べる比較的大型の多毛類です。女川湾に生息する種類は、幼生の浮遊期間が短い、もしくは浮遊期がないと考えられています。地震と津波で女川町の中心部は壊滅的な被害を受け、町の一部は引き波の際に海へ流出しました。沿岸にあった船舶用の重油タンクが倒壊し、大量の油が海へ流れ出たと思われます。陸に積み上げられたがれきの山からは、雨が降るたびにいろいろなものが溶け出し、海へと流れ込んでいました。岸壁は壊れ、地盤沈下で船も着けられず、調査が始まったのはその年の一一月でした。一一月に採集された生物はとても少なく、攪乱前に優占していたミズヒキゴカイやモロテゴカイなどの多毛類は、ほぼ姿を消していました。また、海底の泥が油臭く、作業中にも泥から油が染み出してくるあり様でした。その後、生物群集は徐々に回復する様子が観察されましたが、二〇一二年五月までは主に多毛類のスピオの仲間が出現し、六月にはイトゴカイが突然高い密度で現れ七月には消えるといったように、安定しない状況が二〇一三年五月まで続きました。

二〇一三年六月から一二月までは、タケフシゴカイ（図2c）の種類が多毛類群集の三〇～六〇パーセントを占めるほどに優占し、特にエリタケフシゴカイが卓越した状態が続いています。攪乱前には、別のタケフシゴカイが出現していましたが、攪乱の後にはこれらの種は採集されず、以前には多く出現することのなかった別のタケフシゴカイが出現するようになりました。タケフシゴカイの種類は、泥の中に体を完全に埋没させ、頭を下にし、泥の中の有機物を食べます。攪乱前に多くみられたミズヒキゴカイやモロテゴカイとは生活の仕方が違います。また、攪乱の前にはそれほど多くみられなかった二枚貝のシズクガイが、攪乱以降、毎年夏に高い密度で出現する傾向が観察されています。

攪乱の後、女川湾では水温・塩分・溶存酸素濃度など、水中の海洋環境には大きな変化はみられません。一方、海底では泥の割合が増えています。また、底質の硫化物濃度や油分の指標となる値が大きく上昇しています。これらの底質の環境の変化が、海底の生物群集の回復の遅れに影響を及ぼした可能性があると考えられます。海水が滞りやすい湾の奥では、蓄積した化学物質の浄化には時間がかかることが予想されましたが、油分は攪乱後、徐々に減少していきました。これらの化学的環境の変化に対応するように、湾の奥の生物群集は、攪乱直後の油分が高い時期にはシズクガイ、イトゴカイの種類、スピオの種類など汚染に強いと考えられる生物が出現し、変動はあるものの、油分が低下した二〇一三年六月以降は汚染に弱いと考えられるタケフシゴカイの種類が増え始めました。しかし、タケフシゴカイが多く出現する状態が続いている要因はまだよくわかっていません。汚染に弱いとされる甲殻類の回復は遅れています。

このように、女川湾の奥の泥場では、津波による自然攪乱のダメージに加え、人間がつくった化学物質が陸から海へ流入することによる海底の環境の悪化が攪乱後の生物群集の変化と回復過程に影響を与えていることが示されました。その後もタケフシゴカイが多く出現する生物群集の状態は続いていますが、攪乱の前に生息していた多毛類の種類も徐々に戻りつつあります。攪乱の前に優占していたミズヒキゴカイやモロテゴカイの数も徐々に回復し、女川湾の海底の生物群集は、現在も変化し続けています(2)、(3)。

変化し続ける泥場の生物

蒲生干潟、女川湾ともに、海底の生物群集は未だ地震と津波のダメージから完全に回復したとはいえず、震災から四年が経過した現在も変化が続いているようです。地震と津波による直接の影響の他、蒲生干潟では砂浜の消失や復元、河口閉塞や治水工事などによる地形の変化や台風による影響が継続的、あるいは断続的に続き、一方、女川湾では、人間がつくった化学物質が津波によって流出し、海底の生物群集の回復や変化の過程に大きな影響を与えていると考えられました。自然による攪乱と人間による攪乱が合わさり、そして、海域によって攪乱の程度や人間の影響が異なる中で、この先どのような変化の過程を示すのかを知ることは、今後もどこかで起こると思われる大地震や津波への対策をとるためにも必要です。この数年間に行ってきた調査は、継続していかなくてはいけません。

7 カキから考える海洋生物にとっての地震・津波の意味

大越 健嗣

津波がカキを増やす?

世界には頻繁に地震が来る国と来ない国があります。地震・津波の有無によってそこに住む人々の生活は大きく変わりますが、そこにすむ海洋生物の生活は変わるのでしょうか。ここ数年間の調査を通して、私はこのことを考えてみました。

今回の地震の前、福島県相馬市の松川浦の入り口付近には、とても大きな「カキ礁」がありました(図1)。カキ礁とは砂地や泥地の上でカキがたくさんお互いにくっついて塊となり、その塊がさらに大きくなり塊同士がくっついて島のようになっていくものをいいます。北海道の厚岸湖《あっけし》にはかつては一つ一つ名前のついた「牡蠣島《かき》」がたくさんありました。縦横数十メートル、高さ一～二メートルの構造物であるカキ礁は水の流れも変えることから、「津波も止める」といわれていました。はたして、松川浦のカキ礁はどうなったのでしょうか。

津波の破壊力は凄まじいものでした。松川浦の巨大なカキ礁は津波で壊され、無数の小さな塊となり、浦全域から陸域にもばらまかれました。陸にあがったものや、がれきにもまれ壊れたもの、砂に埋められたものは死んだと考えられます。しかし、一部のカキは生き残り次代

図1．地震前に松川浦の湾口部にあった巨大なカキ礁（Okoshi 2016 を改変）。

を担う母貝となり、また、死殻には二〇一一年夏以降生まれたカキが固着し成長しています。浦のあちこちに小さなカキ礁ができてきたことから、地元の漁協ではアサリが生育する砂地を確保するためにカキ礁を取り除く作業を行うまでになりました（図2）。はたして津波がカキを増やしたのでしょうか？

　カキは地震・津波で大きなダメージを受け、大量に死んだことは間違いありません。しかし、一方で津波はカキの分布を広げることに大きく関わりました。カキは主に夏に産卵します。水中に放出された卵と精子により体外受精が行われ、その後浮遊幼生が二週間ほど海を漂い、やがて満潮時には海水中に没し、干潮時には空中に露出する「潮間帯」の岩や杭《くい》、カキの上などに着底し、そこで変態して稚貝となり、成長します。カキも含め海洋生物の多くは浮遊幼生期をもつことが分布域を広げる要因になっています。しかし、それなら地震・津波の前から松川浦でもあちこちで幼生が着底し、浦全体がカキだらけになってしまうはずです。しかし、そうならないのはカキの幼生はアサリなどの砂地に潜って生活する貝

図2．アサリ漁場に広がったカキを取り除く作業（2014年8月　松川浦）。

と異なり、しっかり「固着」できる基盤がないと着底することができないからです。泥や砂は小さく、波や流れによって絶えず動きます。安定した基盤ではないために、それら微粒子が広がる泥干潟のような場所ではカキが固着できる基盤は限られており、そのため浦全体にカキが広がることはありません。しかし、今回はその固着基盤になるカキの塊が津波によって一気に浦全体に広がったことから、それらを基盤として短期間にカキが浦全体に広がることになったのです。

このように津波は幼生の時にしか移動ができず、着底期には固着基盤が必要なカキやフジツボのような生物（9章参照）の生息域を一気に広げる機能があることがわかります。また、それは数十年や数百年おきに必ず起こる現象です。マグニチュード九クラスの巨大な津波をともなう地震は東北地方太平洋沿岸で過去三五〇〇年の間に少なくとも七回は起こり、津波をともなうそれよりも小さな地震は数十年おきに起きています。また、一九六〇年にチリで起こった大地震による津波は一日以上経った後に日本に押し寄せ大きな被害をもたらしました。二〇一五年九月にもチリで地震があり、津波が日本沿岸に到達しました。震源が遠い地震では、地震の影響はなく、「津波だけ」が沿岸生物に影響をもたらします。

地盤沈下が地震の影響の本質？

「津波」による影響は鮮烈で短期間に起こるため、研究者の間でも「地震」による影響は見逃され、過小に評価されがちです。しかし、「津波だけ」の時とは大きく異なり、さらに影響は長く続きます。では、チリ地震と東北太平洋沖地震の大きな違いは何でしょうか。それは液状化と地盤沈下の有無です。地震が起こった午後二時四六分から津波が来るまでの数十分間には何が起こったのでしょうか。時間を巻き戻してみましょう。その時間は関東や東北ではちょうど潮が引いている時でした。その時千葉県船橋市の谷津《やっ》干潟にいた私は「その間」の出来事を忘れることができません。地震の揺れがはじまった後に干潟にいた水鳥は飛び立ちました。事前に地震を察知することはありませんでした。揺れの間、干潟は部分部分に分かれて揺れました。右がキラリと光ると今度は左が光るという具合でした。揺れがおさまった頃、周辺の住宅地ではあちこちで地割れの部分から勢いよく水が噴射していました。澄んでいた水が東京湾に向かって流れていた干潟周辺の水路は三時過ぎには泥水に変わりました。谷津干潟の海側に位置する三番瀬では大がかりな液状化が起こっていました。干潟のあちこちに火山の噴火口のような泥が噴出した跡がみられ、海浜公園の周辺は噴出した泥で埋まりました。そのころ宮城県仙台市の蒲生《がもう》干潟では噴出した水の勢いで砂の中深くに生息している二枚貝が多数掘り出されていました。福島県相馬市松川浦に注ぐ宇多川河口でも同様なことが起こっていたと考えられます。オオノガイやサビシラトリガイ（図3）のように大型になってから掘り出されると再び砂に潜ることができない貝は津波が来るのをただ待つしかありませんでした。一方、アサリは大型になっても短時間に砂に潜ることができます。多くの個体は干潟表面に噴き出された後、津波が来る前に潜砂することができたと考えられます。潜砂能力の違いが最初の生死を分けました。その後、津波が小さかったところではアサリは掘り

図3．打ち上げられたa：オオノガイ、b：サビシラトリガイ、c：マガキ（2011年4月8日　松川浦）。

出されず生き延び、大きな津波が来た場所では、再び掘り出され、あるいは埋められたりしたと考えられます。地震後三週間経った四月上旬、宇多川河口では打ち上げられた多数のオオノガイとサビシラトリガイが一部生きたままでみつかりました（図3）。しかし、干潟表面でアサリはほとんど発見できず、河口から上流側や砂の中からみつかりました。砂に深く埋まっていたアサリは死んでいましたが、津波で上流部に流されたアサリの多くは生きていました。

なぜ、淡水の影響の大きい上流部でアサリが生き残ることができたのでしょうか。その答えは地盤沈下です。今回の地震では最大で一・二メートルの地盤沈下がありました。地震前に陸だったところの一部は海になり、潮が引くと干潟が現れていた潮間帯も潮下帯となり干潮時も水中に没したままになりました。河口では海水が地震前より上流部まで入り込むようになり、アサリの生息も可能になったのです。宮城県名取市の名取川河口でも地震後にアサリとヤマトシジミの分布域が上流側に移動したそうです。

地盤沈下はカキのような固着性の生物の分布にも大きな影響をもたらしました。カキの浮遊幼生はカキが固着しているところに着底して稚貝になることが知られています。しかし、二〇一一年夏に生まれたカキはそれまでカキがまったくついていない岩の上の方にたくさん固着して成長しています。地震から四年後の岩場では、二〇一〇年までに生まれた個体と地震以降に生まれた個体の一部は重なるものの、地震以降の個体の多くは、地盤沈下した分だけ地震以前の個体よりも上方に層状に固着しています。今後は潮下帯に生息域が変わった地震前に生まれた個体が徐々に死滅し、そこには新たに別の生物が入ってくるでしょう。しかし、それで終わりではありません。それは、地盤は徐々に隆起して元に戻るからです。地盤沈下が地震の影響の本質かもしれません。

大地震が進化の引き金になる?

地球温暖化や海洋酸性化は緩やかに進みます。また、温暖化も酸性化も進む方向は一方的です。一方、地震は一方的な変化ではありません。数十年から数百年おきに突然ですが確実に起こり、それは環境に短時間に劇的な変化をもたらします、地盤が隆起して元に戻るまでは数十年以上かかるといわれています。その間は潮下帯になった場所が徐々に潮間帯に戻ることになり、それは生物の分布を少しずつ変えていくことに他なりません。垂直方向へは沈下した分だけ、帯状に生物の分布が大きく変わります。一方、平面的にみると一メートルの地盤沈下は数百メートルから一キロメートル以上に渡る平面に変化をもたらすことから、さらに多くの生物の分布に影響を及ぼすことになるのです。地盤沈下とその後の隆起は、まず、生物の分布域を最大一メートルも上方に移動させ、その後徐々に干出時間の変化をもたらす環境をつくり、分布域を元に戻していくと考えられます。その期間が数十年か一〇〇年以上かはわかりませんが、その間は少しずつですが、確実に環境は変化します。地盤が元に戻ると、その後一定期間は環境が安定し、また大地震が来ると地盤沈下が起こり徐々に変化する期間に再び突入します。これらは確実に繰り返し起こる現象です。世界各地の大地震が起こる沿岸に生息する生物は、千年から数百年サイクルでこの変化を経験しており、地震・津波のほとんど来ない場所では同種であってもこれらの経験はありません。日本沿岸のカキと地震・津波のほとんど来ない中国や朝鮮半島沿岸のカキは、長い年月でみた場合、生息環境は異なるといえるでしょう。環境の変化は生物に変化をもたらします。たとえば、地盤沈下が長期間継続する間に、地震前より干出時間が長くとも生きられる個体が出てくるかもしれません。それらは結果的にカキの分布域を上方に数センチでも押し上げることになるかもしれません。地震ごとに起こる偶然の生き残りの組み合わせの違いは新たに生まれる個体群の遺伝子組成にも大きな変化をもたらす可能性があります。そう考えれば、進化につながる変化を駆動する要因の一つは「繰り返す大地震」といえるかもしれません。大地震が進化の引き金になるかもしれないのです。

東北地方太平洋沖地震から五年、「津波」の影響からの生物の「回復」があちこちで報告されています。しかし、「地震」の本当の影響の解析はこれからだと私は思います。「地震生物学」や「津波生態学」といった長期的な視点からの研究が新たな知見をもたらすことを期待しています。

8 干潟の貝類はどう変わったか
――一五年間にわたる宮城県東名浜の定点観測の結果より

佐藤慎一

今から一五年ほど前（二〇〇〇年頃）には、仙台市周辺でも春になると多くの人たちが干潟に出かけて、潮干狩りを楽しむ風景が各地でみられました。東松島市にある東名浜《とうなはま》（図1）は、そのような人気の潮干狩り場の一つで、のどかな田園風景の先にこじんまりとした干潟が広がっていました。その頃、東北大学に赴任してきた私は、どこか学生実習ができる干潟はないかと探していて、この場所にたどり着きました。入漁料千円を払って干潟に入ってみると、すぐにアサリやホソウミニナなどの干潟の貝類がたくさん採れて、しかも最寄りのＪＲ東名駅から近いということで、ここを学生実習の調査場所と決めてそれから一〇年間使用させていただきました。

アサリの減少理由

初めて学生を連れて干潟の実習を行ったのは、二〇〇一年六月のどんよりとした曇り空の日でした。前日に、四つの側線にそれぞれ四つの定点を配置した合計一六定点の位置をＧＰＳで決めて、目印となる園芸用の棒を干潟に刺しておきます。そこに翌朝、スコップをもった学生四人のチームが各側線に行き、それぞれの定点に二五センチメートル四方の方形枠を一か所置いて、その内側の堆積物を深さ二〇センチメートルまで掘って岸までもち帰るという作業を行いました。そして、午後は採集した堆積物を二ミリメートル目の篩《ふるい》で洗い、篩に残っ

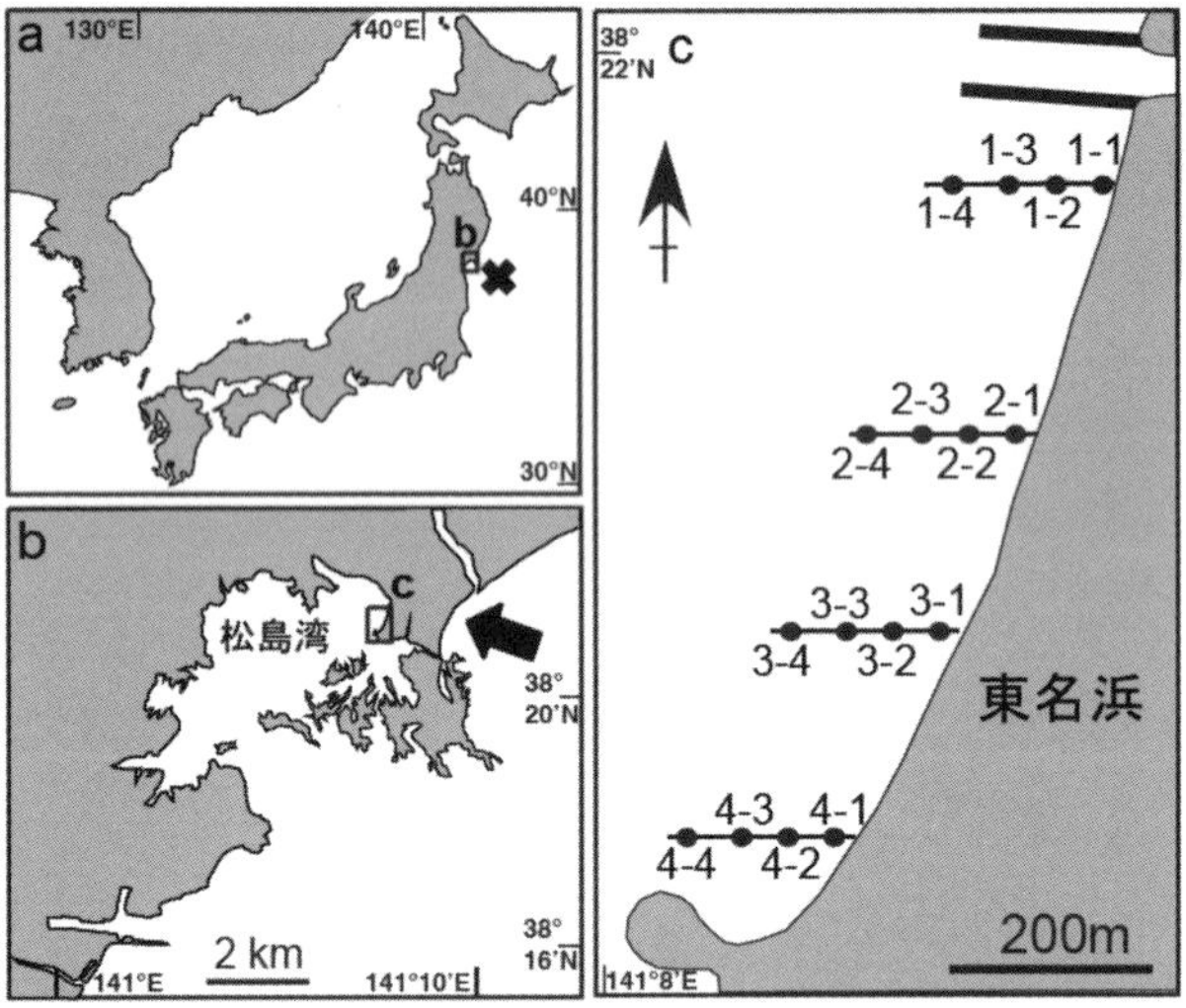

図１．宮城県東松島市東名浜における調査定点の位置(2)。a：調査場所の位置（b）と東北地方太平洋沖地震の震源（×）。b：松島湾における東名浜の位置（c）と巨大津波の押し寄せた方向（矢印）。c：東名浜における調査定点の位置。

た底生動物を観察・記録して貝殻試料とともにもち帰りました。実習が終った後は、学生のリクエストに応えて潮干狩りをしたところ、たくさんのアサリをお土産にもち帰ることができました。

これに気を良くして、翌年も同じ場所で学生実習をしたのですが、どうにも様子がおかしいことに気がつきました。前年はあれほどたくさんいたアサリが、この年はまったく採れなかったのです。その理由は、その後の室内実習の作業中に、現地で採集してきた貝殻試料を観察してみてわかりました。アサリなどの貝殻に、肉食性巻貝類が開けた穴（捕食痕）がみられたのです（図２b）。そして、採集してきた生物標本の中には、実際に肉食性巻貝が含まれていました（図２a）。その後、その貝が東北地方に人為的に移入されたサキグロタマツメタであることがわかってきました。それからの学生実習は、毎年わずかな貝類しか採れず、逆に貝殻に残される捕食痕は増える一方でした。それは予期していない出来事だったのですが、偶然にも人為的移入種である肉食性巻貝が増殖することで、餌となるアサリなどの干潟貝類が減少

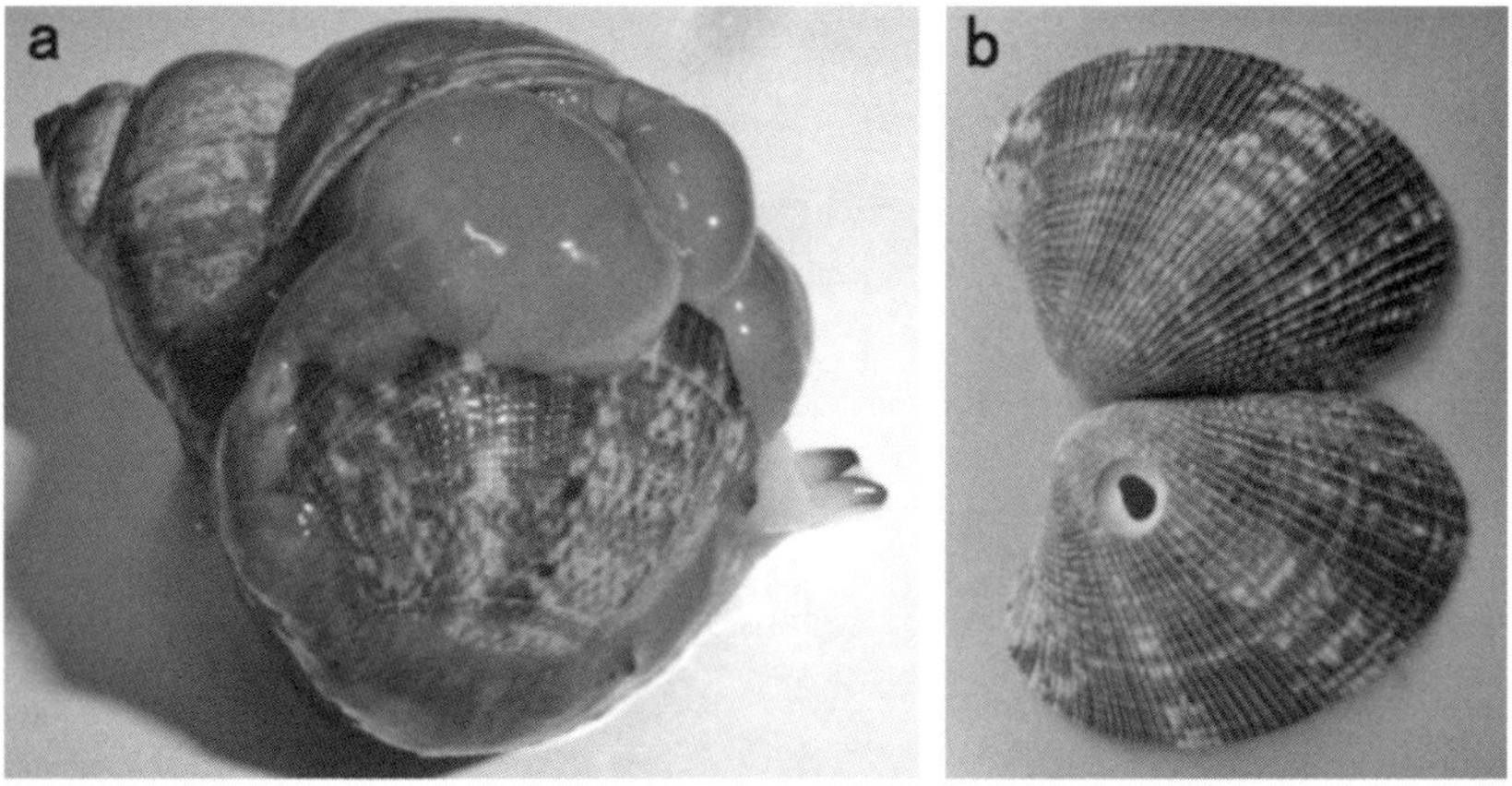

図2. 人為的移入種の肉食性巻貝サキグロタマツメタ（殻高4.5センチメートル）がアサリを捕らえた様子（a）とアサリ貝殻にみられる捕食痕（b）。

してゆく様子を一〇年間の学生実習を通して詳細に観察することができたのです。

東名浜の潮干狩り場は、アサリが採れなくなり、二〇〇四年に閉鎖に追い込まれました。その後は、餌となるアサリとヒメシラトリの激減とともに、二〇〇五年には捕食者であるサキグロタマツメタも減少傾向へと転じました。そして、これまで捕食対象ではなかったホソウミニナやウメノハナガイなどの貝殻試料にも捕食痕がみられるようになり、サキグロタマツメタにより捕食される種類が増えたことが確認されています。やがて、サキグロタマツメタが少なくなると、一時的にアサリが増殖するのですが、その場所に再びサキグロタマツメタが移動して増殖するという捕食者と被食者の相反する増減関係が二〇一〇年六月までみられました[1]。

津波後の底生動物の状況

その場所が、二〇一一年三月一一日に巨大な津波に襲われました。松島湾は、湾口部に島が多くあり、それが防波堤の役割をしたため、湾内の津波は他所に比べる

図3. 東日本大震災発生直後の東名浜の様子（2011年7月）。

と小さかったといわれています。しかし東名浜では、約二キロメートル東方の太平洋沿岸（図1bの矢印方向）から、高さ六メートル以上の津波が陸側から押し寄せたことが、二〇一一年三月一四日の河北新報の記事でわかります。そのため、東名浜ではすべての防潮堤が陸側から津波を受けたことで破壊され、それらの残骸や多くの車などが干潟に散在する様子がみられました（図3）。これ以降、東名浜で学生実習を行うことはできなくなりましたが、津波後の底生動物の経年変化を記録しておく必要があるため、その後も少人数での定点観測を継続しました。

震災発生直後の二〇一一年七月には、潮間帯上部に高密度で分布していたホソウミニナ（10章、11章参照）は部分的にみられるだけとなり、二枚貝類の優占種であったアサリ・ヒメシラトリ・ウメノハナガイ（図4）も、生きた個体がほとんどみられなくなりました。人為的移入種として猛威を振るったサキグロタマツメタも、この年は定量試料中に一個体しか得られませんでした。それに替わって、震災発生直後の東名浜で多くみられた種は、

図４．津波以前の東名浜における在来優占貝類。a：アサリ、b：ヒメシラトリ、c：ウメノハナガイ、d：ホソウミニナ（スケールバーは１センチメートル）。

二枚貝類ではホトトギスガイとオオノガイであり、多毛類では棲管《せいかん》に入ったウミイサゴムシでした（図５ａ—ｃ）。ホトトギスガイとオオノガイは、大部分の個体は殻長が一センチメートル未満であったため、津波後の数か月の間に新たに浮遊幼生が着底したものと考えられます。その他、定量試料には含まれなかったのですが、現地ではイシガニと思われるカニ類が何度も目撃されました（図５ｄ）。これらの生物は、津波前一〇年間の調査ではほとんどみられなかった種類です。おそらく、津波によって干潟の堆積物が削り取られたことと、地盤沈下のため潮間帯部分が大潮時に干出することがなくなったため、これら潮間帯下部から潮下帯に生息する種が津波後に東名浜に増えたものと考えられます。

　翌二〇一二年六月には、東名浜でも再び砂が堆積して、大潮時に干潟が少しは干出するようになりました。その結果、前年に多くみられたホトトギスガイやオオノガイは減少し、再びアサリとヒメシラトリが多くみられるようになりました。特に、ヒメシラトリは津波以前よりも平均生息密度が高くなり、津波後に顕著に増加した

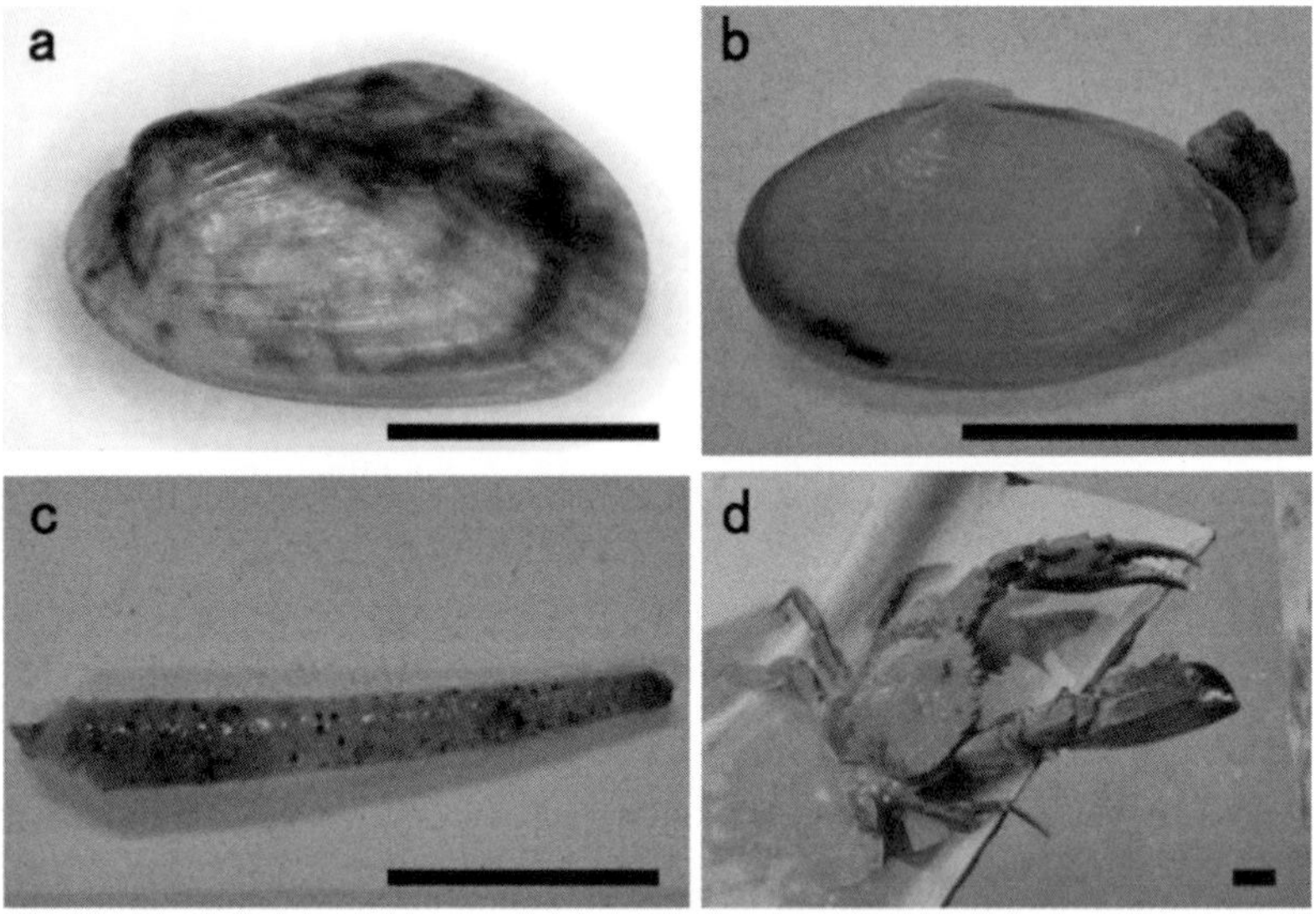

図５．津波直後に東名浜で増加した底生動物。a：ホトトギスガイ、b：オオノガイ、c:ウミイサゴムシ、d:イシガニ（スケールバーは１センチメートル）。

ことが確認されています。一方、ホソウミニナ・サキグロタマツメタ・ウメノハナガイの三種は、二〇一二年にもほとんどみられませんでした。これは、種によって津波後の回復速度に違いがあることを意味しています。

そして二〇一三年六月には、ヒメシラトリはさらに平均生息密度を増加させましたが、この年から再びサキグロタマツメタが増加したことで、それにともないアサリの平均生息密度が減少しました。そして、ホトトギスガイやウミイサゴムシはほとんどみられなくなりました。その一方で、津波前に多くみられたホソウミニナとウメノハナガイは、この年もまだ相変わらず少ない状態で推移していました[2]。

常日頃からの調査の重要さ

東名浜では、二〇〇一年六月から一五年間にわたり、毎年欠かさず定点観測を行っています。この他にも、仙台湾の潮下帯において津波後に採泥器を用いた調査を行いました。しかし、仙台湾の潮下帯では津波以前の底生動物相の基礎的データが少ないため、津波によってどれだけ底生動物相が変化したのか、またどの程度の回復傾向にあるのかがわからない状態です。急激な環境変化が生じた場所で生物相の定点観測をする場合には、環境変化が生じる以前の比較可能なデータが必要不可欠です。しかし、現実には大きな環境変化が生じる以前の状態を知る手がかりは、私たちが考えている以上に少ないことが往々にしてあります。通常の何も変化のない平穏な場所で、常日頃から地道に定点観測を継続して行うことが、自然科学にとってどれだけ大事であるかを身をもって実感した次第です。

9 磯の生き物たちと東日本大震災

野田隆史

岩礁潮間帯の生物

　磯浜の干潮時に干出する部分を岩礁潮間帯といいます。ここには様々な生き物が生息しています（図1）。そのうち、最も分布量の多いのは海藻や固着動物などの固着生物です。いずれも岩に固着して水流が運んでくる養分や餌を利用して生活しています。彼らはいったん岩の表面に付着した後は移動することはできませんが、いずれも生活史の初期には胞子や浮遊幼生として短い分散期間を過ごし、親から離れた場所に定着することができます。固着生物のほかに底生無脊椎動物の植食者や肉食者がみられます。彼らは岩の表面をはいながら海藻や固着動物を餌として生活し、多くは生活史の初期に浮遊幼生期間を過ごしたのちに底生生活を送ります。

　潮間帯では生物は垂直方向では数十センチメートル程度のごく狭い範囲に帯状に分布して暮らしています。このような分布を帯状分布といいます（口絵6）。これは、垂直方向ではわずかな距離で浸水時間が極端に変化するからです。

地震と津波の規模

　東北地方太平洋沖地震は、東日本大震災と呼ばれる戦後最悪の自然災害を人間社会にもたらしました。本地震により生じた強い揺れ（地震動）は東日本全域で六分

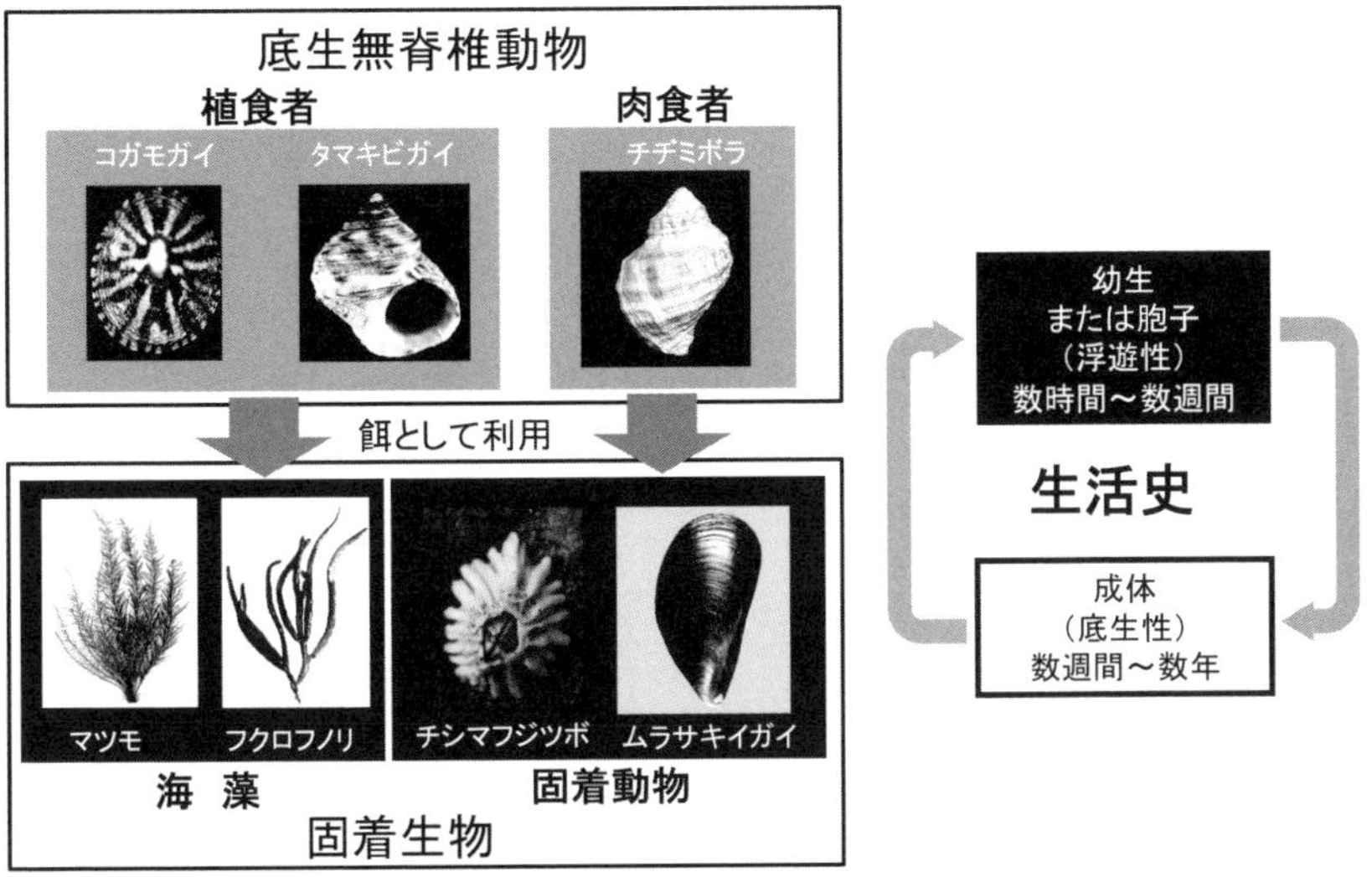

図１．岩礁潮間帯の生物とその生活史。

間以上も継続し、宮城県北部で最大震度七、岩手県から千葉県にかけては震度六弱以上となったのです。この強い地震動は、各地で建物の損壊、傾斜地の崩落、停電、埋立地での液状化現象（地盤が一時的に液体のようになってしまう現象で建物の沈下や水道管の破裂の原因となる）を引き起こしました。また、東北地方の太平洋岸では地震にともなう地殻変動により数十センチメートルの地盤沈下が生じたため、その後長きにわたり高潮時の浸水被害が続くこととなりました。さらに、地震の数十分後には大津波が太平洋沿岸に襲来しました。このときの津波の高さは岩手県南部から福島県北部では八メートル以上に達し、浸水範囲は最大で海岸から六キロメートルの内陸部にまで達し、福島第一原発事故をはじめとする深刻な事故や人的被害をもたらしたのです。

　このように、東北地方太平洋沖地震は、様々なプロセスを通して人間社会に大災害をもたらしましたが、野生生物はどのようなダメージをこうむったのでしょうか。ダメージの受け方やその要因は、野生生物と人間では異なるかもしれません。なぜなら、生活の仕方やすんでいる場所によって自然災害の生じかたも受けかたも異なると考えられるからです。そこで、岩礁潮間帯の生物にとっての「東日本大震災」について考えてみました。

地震が潮間帯に与える変化

まず地震動とその波及効果についてです。激しい地震動にともなって生じた地盤の液状化や傾斜地における崩落やがけ崩れは、建造物の損壊や道路の寸断、さらに人的被害をも引き起こしました。これらは岩礁潮間帯の生物にどのような影響を及ぼしたでしょうか。水分を含んだ砂地盤が地震の揺れにより一時的に液体のようになってしまうことが地盤の液状化ですが、硬い岩盤上に位置する自然岩礁ではこのような現象は生じません。また、地震動によって自然岩礁が崩壊することも比較的稀だったようです。さらに岩礁潮間帯の生物も地震動によって岩礁から脱落することは稀だったでしょう。なぜなら、岩礁潮間帯の生物は、岩表面から生物を引きはがす力が地震動よりもはるかに強いと思われる大型低気圧の襲来時の激浪をもくぐりぬけて生きてきたからです。

では地震の数十分後に押し寄せた津波の影響はどうでしょう。海岸に襲来した津波のもつエネルギーは極めて大きいものです。岩手県宮古市田老地区には津波を防ぐために最大基底幅二五メートル、地上高七・七メートル、海面上高一〇メートルという巨大な防潮堤が構築されていましたが、津波の直撃を受けると約五〇〇メートルにわたって一瞬で倒壊したのです。いくら爆弾低気圧がもたらす激浪をくぐりぬけて生き延びてきた猛者であろうとも、このような津波の強烈なエネルギーに耐えられるものなのでしょうか。

また地盤沈下はどうでしょう。垂直幅にして数十センチメートルという地殻変動による沈降によって、人間社会にもたらされた被害は津波や地震動と比べるとはるかに小さかったのですが、岩礁潮間帯の生物にとってはどうでしょう。地盤沈下により彼らは水没させられたはずですが、それにより致死的なダメージはこうむらなかったでしょう。なぜなら潮間帯に生きる彼らにとって、一時的な水没は日常の出来事だからです。しかし、長時間にわたる沈降の影響は侮れません。岩礁潮間帯の生物は、種固有の乾燥への耐性を反映して垂直方向では数十センチメートル程度の限られた範囲に生息しています。そのため、地盤沈下は、たとえその沈降幅が数十センチメートルでも、本来の生息場所より深所に生物を岩礁ごと「移住」させることになります。この場合、自ら移動できない固着生物は深刻なダメージをこうむるかもしれません。

以上から、岩礁潮間帯の生物にとっての「震災」は、津波と地盤沈下によって引き起こされたと予想できますが、これまでに津波や沈降が岩礁潮間帯の生物に及ぼした影響はほとんど明らかにされてきませんでした。これは、大地震のような稀有な自然現象が野生生物に及ぼすインパクトを調査できる機会は極めて限られているからです。偶然にも私たちは二〇〇二年より三陸沿岸において潮間帯の生物の数と分布について調査してきました。そこに地震が生じたのです。以下では、得られた地震前後のデータを解析することで明らかになった、東北地方太平洋沖地震によって生じた津波と沈降が岩礁潮間帯生物にもたらした「災害」とその後の変化について紹介し[1][2]ます。[3][4]

地震前後の生物の変化

津波のもたらしたダメージを評価するには、津波前後にどのくらい分布量が減少したかを推定し、その値を津波と類似した影響を及ぼすと考えられる災害の前後の分布量の変化と比較すると理解しやすいでしょう。そこで、二〇〇六年に北日本に観測された数十年に一度の規模の低気圧による激浪と数百年から数千年に一度の規模の東北地方太平洋沖地震による津波のそれぞれの前後での分布量の変化を、数種の固着生物で比較してみました(表1)。その結果、両者が岩礁潮間帯の生物に及ぼしたダメージはほぼ同等か、むしろ津波のほうが小さいことがわかりました。つまり、今回の津波は規模のわりにはもたらされたダメージは意外なほどに小さかったといえるでしょう。

地震前後の帯状分布の変化をみてみると、その変遷は種によって様々で、多くが私たちの直観に反するものでした(図2)。固着動物にはいずれも地盤沈下にともなう帯状分布の低下がみられましたが、分布量の変動は種によって異なりました。イワフジツボ（口絵7）は、一年後に帯状分布が上方に拡大するとともに分布量が増加し、二〇一三年には地震前の状態に回復しました。これに対し、チシマフジツボは地震直後に激増しましたが、その後は減少し、二〇一三年にはいったんその場所から消滅しました。二枚貝ではイガイ類は減り続けたのに対し、地震直後に目立った増減をみせなかったマガキは二〇一三年になって激増しました。

海藻はいずれも地震直後は目立った増減を示しませんでしたが、マツモは二〇一二年に地震以前よりも多くなり、一方ベニマダラは除々に減少し未だに回復していません。

巻貝のイシダタミと笠貝のクサイロアオガイは二〇一二年に減少し、以後低迷しているのに対し、笠貝のコガモガイは地震直後にやや減少したものの一年で回復しました。

イガイ類を除く種では地震直後に明らかな減少は認められず、イガイ類、ベニマダラ、イシダタミ、クサイロアオガイの四種は地震後一年以上経過してから大きく減少しました。もし、これらの減少の原因が津波なら、減少のピークは地震直後になると考えられることから、このような帯状分布の変遷は津波よりも沈降の影響を強く反映したものといえるでしょう。

表1．2006年の嵐と津波による固着生物の分布量の変化。

種名	前年からの増減（パーセント）	
	2006年の嵐	津波
固着動物		
イガイ科	− 8.3	− 29.7
イワフジツボ	− 4.4	− 8.9
マガキ	− 55.8	− 24.1
海藻		
ベニマダラ	24.4	− 2.6
マツモ	− 35.3	35.6
5種類の平均	− 20.8	− 8.4

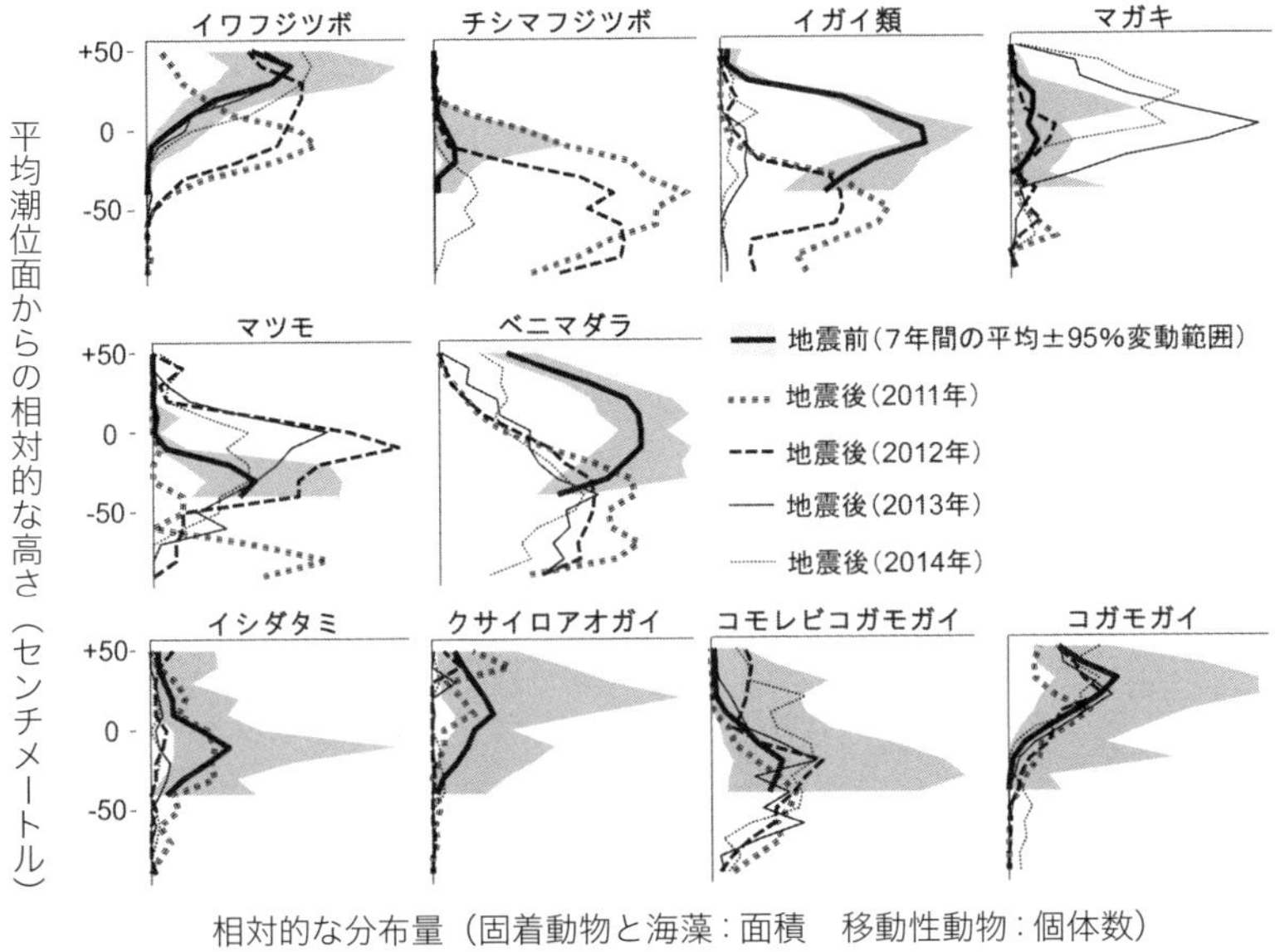

図2．地震前後の帯状分布の変化（上段：固着動物、中段：海藻、下段：移動性底生動物）。地震後の分布量が網掛けの範囲外にある場合、明らかな地震の影響があると判断できる。なお、平均潮位面は地震前後で変化しない。

受け手によって異なる「震災」の影響

岩礁潮間帯の生物にとっての「震災」は、津波ではなく主に地盤沈下によって引き起こされ、それも地震直後ではなく数年後にもたらされました。しかも、一部の種は地震によってほとんどダメージをこうむることもなく、むしろ地震後に大きく増加したのです。このように岩礁潮間帯の生物における「震災」の様相は、私たち人間がこうむった震災とはかなり異なっています。このことは重要なメッセージを含んでいます。地震に限らず、自然災害あるいは人為災害が生態系に及ぼす影響については、往々にして擬人化して予想しがちですが、そのような「素人判断」は実際の影響とはかけ離れたものとなる危険性が高いといえるかもしれません。災害の影響は受け手によってまったく異なるかもしれないことに留意すべきでしょう。

10 干潟にたくさんいた巻貝がいなくなった

三浦　収

ホソウミニナとの出会い

皆さんは干潟に行ったことがありますか？　小さい時に親に連れられてアサリやマテガイを採りに干潟に行ったことがある人もいるかもしれませんね。干潟の砂を熊手でかくと、アサリがゴロリと現れ、砂の上にぽっかりと空いた穴に塩をかけると、マテガイが驚くような速さで飛び出してきます。広い海へと続く干潟でこれらの貝を採るために夢中で砂や塩と格闘した記憶のある人も多いことでしょう。じつは、干潟にはアサリやマテガイ以外にもたくさんの生物が生活しています。干潟の上で特に数多くみられるのはウミニナ類の巻貝です（図1）。意識して観察しないとわかりにくいですが、干潟の上に立ってあたりを見渡すと足の踏み場もないほどのウミニナ類が砂や泥の上をはい回っています。東北地方の干潟では、ウミニナ類の中でも特にホソウミニナという種類が多く、場所によっては一平方メートルに一〇〇匹以上のホソウミニナがはっていました。「いました」という言葉を使うのは、二〇一一年の津波によりかなり数が減ってしまったからです。

私は、学生時代に宮城県の仙台湾でホソウミニナの研究を行いました。野外でのホソウミニナの行動観察、実験室での解剖、そして分子遺伝学的手法を用いた遺伝子解析、そのような研究を通して私はホソウミニナの進

図1．高密度で干潟に生息するホソウミニナ。

化や生態に関する理解を深めてきました。大学院を修了し、仙台を離れて数年後に東日本大震災が東北各地を襲いました。親戚や恩師そして友人のいる東北地方の太平洋沿岸が津波に襲われている映像をみて、私は言葉を失いました。もちろんホソウミニナのことなどはじめは考えられませんでしたが、少し時間が経過していき被害の様子が明らかになっていく中で、「私が長年通った干潟はどのようになったのだろうか。ホソウミニナはまだちゃんと干潟の上をはいまわっているのだろうか」という疑問が頭に浮かびました。けれども、震災直後の余震が続く東北地方の海岸に足を運ぶことはできませんでした。

津波後のホソウミニナ

東北地方の干潟にようやく私が足を踏み入れたのは二〇一二年の春のことです。はじめに向かったのは確か宮城県南部にある鳥の海だったと思います。まだところどころに津波の爪痕が生々しく残る道を車で走り、そして遠くに干潟がみえた時に、「まだ干潟が残っていた……」と安堵《あんど》したのを覚えています。しかし、その気持ちは干潟に下りてあたりを見回した後に焦りへと変わりました。あれだけたくさんいたホソウミニナがみつからないのです。ホソウミニナだけでなく、カニやヤドカリなどの干潟を賑わす面々もほとんどみつかりませんでした。津波が、干潟にいた生物を押し流してしまったのです。私は、干潟の変わり果てた姿を目の当たりにして呆《ぼう》然《ぜん》と立ち尽くしました。

それでもホソウミニナを探し続けました。どれくらいの時間が経ったでしょうか、もういないのではないかという諦めの気持ちがよぎった頃、一緒に調査をしていた東北大学の牧野渡先生が「三浦君、ホソウミニナがいたぞ！」と声をあげました。近づくと、牧野先生の手の上には確かにホソウミニナが乗っていました。私は、牧野先生がみつけたあたりを必死で探しました。すると半分ほど砂に埋まったホソウミニナがかたまりになってみつかりました。そこは津波前にヨシ原が群生していた場所で、まだ地中に残っていたヨシ原の根っこに支えられて、これらのホソウミニナは流されずにすんだようです。

二〇一二年の調査では福島県の松川浦と宮城県の鳥の海・潜《かつぎ》ヶ浦・万石《まんごく》浦・長面《ながつら》浦の合計五か所の干潟を調べました。どこの干潟も津波の被害を受けていましたが、鳥の海や潜ヶ浦そして長面浦では特に被害が大きく、景色が一変していました。長面浦においては、干潟の周辺も含めて多くが破壊されてしまい、GPSによる衛星からの位置情報なしには目的の場所がわからないような状態でした。万石浦では津波の影響は少なかったものの、約八〇センチメートルにも及ぶ地盤沈下の影響で干潮時にも干潟がほとんど出てこなくなってしまいました（4章参照）。

津波後に集めた生息密度のデータを津波前のデータと比較したところ、多くの干潟でホソウミニナが壊滅的なダメージを受けたことがわかりました（図2）。特に、鳥の海・潜ヶ浦・長面浦では密度調査用の四角い枠にホソウミニナがまったく入らないほどにホソウミニナの数が減っていました。時間を掛けて周囲を探せば、どの地点においてもホソウミニナの生き残りを何とかみつけることができたので地域個体群の絶滅とまではいきませんでしたが、震災前には足の踏み場もないほどのホソウミニナがいたことを考えると、それは信じられない光景でした。その後、長面浦の砂浜にはホソウミニナの死殻が大量に打ち上がりました（口絵5）。津波の影響が少なかった万石浦の調査地点にも、ホソウミニナがほとんどいなくなっていました。地盤沈下により干潟が水没し、ホソウミニナにとってすみにくい環境になってしまったのでしょう。松川浦の調査地点は津波の影響の比較的少なかった湾奥《わんおう》にあるため、例外的にホソウミニナを簡単にみつけることができ、また生息密度も津波前とあまり変わらないことがわかりました。

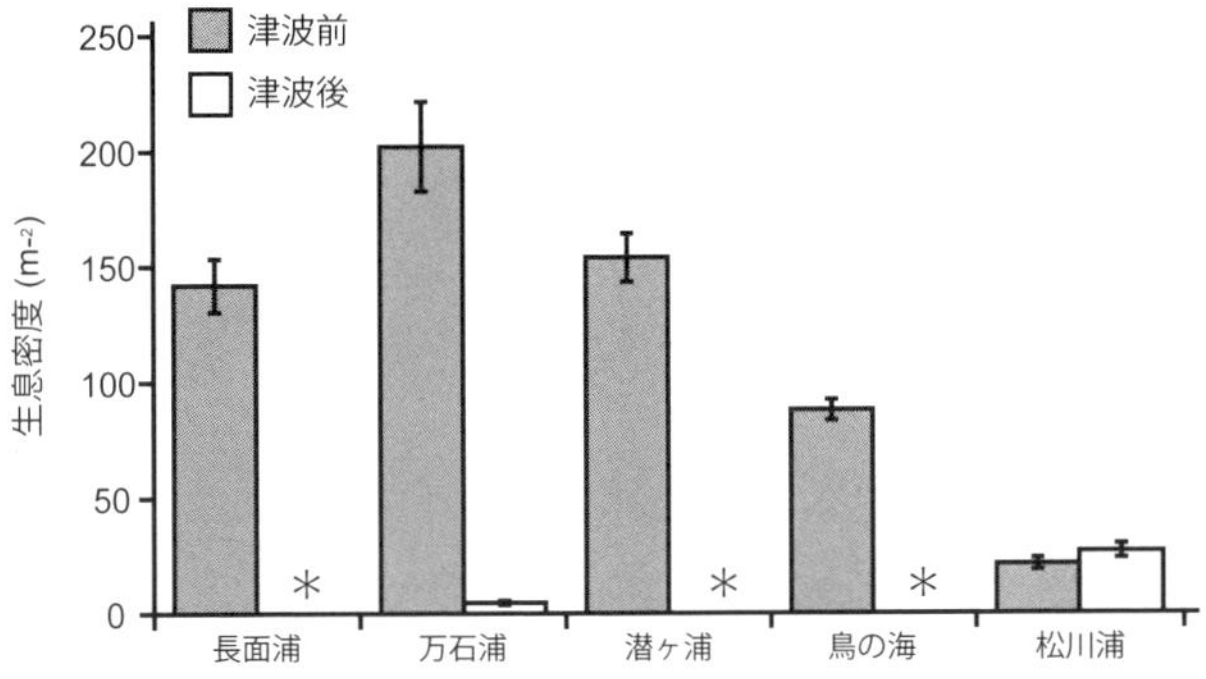

図2. ホソウミニナの津波前後の生息密度(1)。ホソウミニナの密度が0の場合には＊印を付けた。

生物はどのように自然災害を乗り切るか

ホソウミニナが津波前のような状態に戻るにはどれほどの時間がかかるのでしょうか？　私たちの研究グループは毎年同じ場所で調査を行い、年ごとの変化を記録しています。二〇一二年にはみつけることが難しかったホソウミニナですが、二〇一三年には小さいホソウミニナの稚貝が数多くみつかりました。二〇一四年と二〇一五年の観察ではこれらのホソウミニナが成長し、また更に新しい個体が生まれてきていることがわかりました。震災前のような足の踏み場もないという状態にはまだほど遠いですが、ホソウミニナの集団は着々と回復に向かっています。ただし、以前のような状態になるには一〇年以上の時間が必要なのではないかと私は考えています。

このような目にみえる変化に加えて、目にみえない変化についても私たちは調査を進めています。それは、体の設計図である遺伝子に関する変化です。遺伝子には様々な「型」があります。そしてこの遺伝子型が個体のサイズ・重さ・病気への耐性などを運命づけています。集団の中に多様な遺伝子型があることは生物の存続にとても重要なことです。なぜなら、多様な遺伝子型があることで様々な環境の変化に生物は適応することができるからです。今回のような大規模な自然災害により、個体数が一時的に激減すると、遺伝子型の多様性が減少すると考えられます。大げさな話になりますが、もしも災害により雄雌それぞれ一匹しか生き残らなかったとすると、その後に個体数が回復したとしても、すべての個体が生き残った二匹の遺伝子型を受け継いでいるということになります。つまり集団内のすべての個体が似通った遺伝子型をもっているということになるのです。もちろんホソウミニナが二匹しか生き残らなかったということはありません。しかし、生存個体数が一時的に減少したことで、遺伝子型の多様性に変化が生じた可能性は十分にあるのではないかと私は考えています。私たちの研究グループは津波前と津波後のホソウミニナの遺伝子型の多様性を比較して津波がホソウミニナに与えた影響を生態学・遺伝学的な側面から総合的に理解したいと考えています。

今回の大津波は千年に一度の大災害だといわれています。千年というと、とても長い時間のように感じるかもしれません。しかし、生命には何億年という長い歴史があり、現在地球上にみられるそれぞれの種類も通常数百万年という歴史をもっています。仮にホソウミニナの歴史が一〇〇万年あるとすると、種が成立してから今回のような津波をおよそ千回も経験してきたということになります。今回の津波を通して、ホソウミニナが、さらには海岸の生物が津波という自然災害をどのようにして乗り越えていくのかを克明に記録したいと考えています。

11

新しい干潟が教えてくれたこと

松政正俊

私たち研究者は、調査で海外にも出かけることがあります。私の場合は、これまでタイ、マレーシア、オーストラリア、それにパナマで、干潟やマングローブの林にすむカニ類の行動や、熱帯の海草藻場生態系のはたらき、あるいは海草を食べるジュゴンの研究などに従事してきました。図1の左上は、タイでの調査の時に滞在していたカセサート大学ラノン実験所の宿舎です。二〇〇三年一二月、私はこの宿舎に寝泊りして実験所近くの干潟で調査を行っていました。朝には水牛が部屋をのぞき、靴の中にはカエルが潜んでいることもありました。

一年後、大津波がこの場所を襲いました。スマトラ島沖大地震によるものです（1章参照）。カセサート大学のホームページには、私が滞在していた宿舎内に津波が押し入って来る動画がアップされていました。水牛やカエルも流されてしまったのだと思います。実験所の多くの方は建物の屋上に避難して助かりましたが、外で作業をしていた何人かの方は、残念ながら命を落とされてしまったとのことです。ただ、マングローブをよじ登って命を取り留めた方もいらしたそうです。東北地方は地震や津波が多いところですが、二〇〇四年末のスマトラ島沖大地震・大津波の時には、まさかそのほんの六年半後に、これに迫る規模の大地震・大津波が、東北の太平洋側を襲うとは思ってもいませんでした。私たちが研究対象としている海辺や河口の周辺は、こうした大地震・

図1．筆者が滞在したタイ国カセサート大学ラノン実験所の宿舎（a)。調査地とした宿舎近くのマングローブ林と干潟（c)。宿舎には、ときどきカエル（b）や水牛（d）が訪ねて来ていた。

大津波の被害をとても受けやすい場所なのだと、あらためて思い知らされたのです。

豊かな生態系「エスチュアリー」

それでは、どうして人は海辺や河口近くに暮らすのでしょうか。その理由の一つに、「エスチュアリー」と呼ばれる内湾や河口周辺には、とても豊かな生態系が発達することがあげられます。私たちが生態系から受ける様々な恩恵（食料の供給、水質の浄化、アメニティーなど）を生態系サービスといいますが、エスチュアリーの生態系サービスは、同じ面積あたりで比べると地球上で最も高い価値をもつと試算されています[1]。満潮時には海底に、干潮時には陸地となる干潟は、そうしたエスチュアリーの主要な場所です。エスチュアリーの豊かさは、干潟でとれるハマグリ、アサリ、カキ（私たちが最も普通に食べるのはマガキですが、7章で述べられているように、マガキは本来海水と淡水が混じる汽水域の干潟に多くすむ種類です）などの貝類を主体とした貝塚が海岸近くにみられることでも理解できます。東北地方太平洋沖大地震とそれによる大津波は、こうした豊かな海辺や河口の生態系にも大きなダメージを与え、その生産性を支えている多くの生物を死滅させてしまいました。しかし、その一方では豊かな生態系が発達する可能性をもつ新しい干潟もつくり出しました。比較的規模が大きいものとしては、岩手県では大槌《おおつち》湾に注ぐ鵜住居《うのすまい》川の河口周辺域（釜石市・12章参照）、広田湾の高田松原海岸・古川沼周辺域及び小友浦《おともうら》（いずれも陸前高田市）、宮城県では小泉海岸・津谷川の河口周辺域（気仙沼市・4章参照）、追《おっ》波《ぱ》湾に流れ込む北上川の河口周辺域（石巻市）、福島県では松川浦に流入する小泉川と宇多川の河口周辺域（相馬市）などがあげられます。こうした、もともとは陸地であった新しい干潟には、アサリやカキ、あるいはカニやエビなどの底生動物はどのようにすみ着くのでしょうか。地震や津波で被害を受けた干潟には、以前からすみ着いていて生き残った底生動物と、外から入ってくるものの両方がみられます。一方、新しい干潟の場合は、すべての生物が基本的には外からやって来るものと考えられます。ここでは、広田湾の小友浦を例にして、生き物たちの移入の様子を紹介します[2]、[3]。

浮遊幼生期をもつ底生動物の移入

小友浦は、岩手県と宮城県にまたがる広田湾の東北部にあります。一九五〇年代後半までは扇状地状の干潟でしたが、その後一九六九年までの干拓事業によって陸地となり、およそ五〇年が経っていました。二〇一一年三月の大地震・大津波は、この場所を干潟に戻しましたが、数か月後には潮止めの仮堤防が以前の堤防から一五〇メートル陸側に設置され、小友浦の一部（およそ四万五千平方メートル）が干潟域として残されました。岩手県と陸前高田市は小友浦を干潟に戻すことを決めましたが、二〇一四年の夏には、残された干潟域のさらに三分の一が道路などの設置のために再び埋め立てられてしまいました。

二〇一一年一〇月に小友浦を訪れた時には、すでに小型のマガキ、ムラサキイガイ、それにフジツボの仲間が、残された護岸の表面にたくさんすみ着いていました。こうした生物は固着（付着）生物と呼ばれ（9章参照）、ほとんど動きませんが、幼生の時期には水中を浮遊して遠くに移動することができます（この時期を浮遊幼生期と呼びます）。陸地であった小友浦には彼らはいなかったはずですから、干潟になったあとに、他所から幼生が流れ着いたことになります。

二〇一二年からは広田湾の漁業協同組合の皆さん、岩手県や陸前高田市の関係者の方々の協力と了解を得て、岩手大学の木下今日子さん（12章執筆）や、その他の研究者仲間・学生さんとともに、毎年八月に調査を行って来ました（その一部は環境省生物多様性センターの調査として実施したものです）。二〇一四年までの結果をまとめたところ、毎年の調査で確認された種類の数はそれぞれ二七種、五一種、五九種と増加し、三年分をまとめると、二枚貝のアサリ、オオノガイ（4章参照）、巻貝のコシダカガンガラ、多毛類（6章参照）のコケゴカイ、甲殻類のテッポウエビ、アシハラガニなど全部で八五種になりました[3]。これらのうちの多くは、その生活史（生態的な特徴に注目した生物の一生の様子）の中に浮遊幼生の時期をもちますので（6章、7章参照）、幼生を発生させることができる個体の集団（ソース個体群）が残っていれば、新しい干潟にも比較的すみやかに多くの種類がすみ込むことがわかりました。いい換えると、新しい干潟に豊かな生態系が発達するためには、周囲に健全なソース個体群が残されていることが必要なのです。

直達発生する底生動物の様子

底生動物のすべての種類が浮遊幼生期をもつわけではありません。一部の種類は、卵から親と同じ形で生まれてきます。こうした発生の仕方を「直達発生」と呼び、巻貝のホソウミニナ（10章参照）やサキグロタマツメタ（8章参照）はそうした直達発生種です。これらの巻貝は二〇一三年の夏までは小友浦にはみられませんでしたが、二〇一四年の夏に初めてホソウミニナがみつかりました。彼らはどこから来たのでしょうか。こうしたことを遺伝子で調べている東京大学の小島茂明さん、伊藤萌さんと、このことを調べました[2]。細胞の中のＤＮＡを調べて東北地方の一四か所からのものと比較したのです。その結果、小友浦の個体は、その他のどの場所のものとも遺伝的に異なるものの、広田湾の隣の大船渡湾や気仙沼湾の個体に近いことがわかりました。このことから、小友浦の個体は広田湾内のその他の場所、あるいは広田湾に隣接した湾の個体に由来すると考えられました。残念ながら、広田湾のホソウミニナの生態に関する情報はほとんどないのですが、東邦大学の寺本沙也加さんが陸前高田市立博物館の熊谷賢さんから得た情報によると、小友浦から二〜三キロメートルほどの鳥の巣崎と只《ただ》出《い》海《で》岸で、震災前にもホソウミニナが確認されていることです。小友浦のホソウミニナがどこから、どうやって来たか、という疑問には、まず広田湾と、隣接する湾内の様々な場所でのホソウミニナを調べる必要があります。一方、サキグロタマツメタは日本全国に広がっている肉食性の国内移入種で、アサリをはじめとする二枚貝を食害しますので、各地でその駆除が進められています（8章参照）。この巻貝は、その主要な餌であるアサリの放流によって人の手で広げられていることが知られています。ですから、この巻貝の小友浦への侵入を防ぐには、安易にアサリなどをもち込んではいけません。これは、アサリに寄生するパーキンサス原虫など、望ましくない病原体をもち込まない・増やさないためにも重要です。幸い、人がもち込まなくとも小友浦には多くのアサリが自然にすみ着いて来ていますから、それらをうまく活用し、安易に外部の生物をもち込むことは避けるべきでしょう。

干潟の中心部と周辺部の違い

小友浦にすみ着いた底生動物の調査は、干潟域の中心部とその周辺部（中心部を挟んだ南側と北側）に分けて実施しました。これは、底生動物のすみ場所となる底質の状態が、中心部では主に礫《れき》質で、ところどころに砂泥の部分がみられたのに対して、周辺部は主に粘土質と異なっていたためです（図2）。二〇一三年の調査では、中心部から三八種が、周辺部から三〇種がみつかりました。このように中心部で種数が多い傾向は二〇一四年でも同じでしたが、その理由としては礫や砂、それに礫の上に付着するカキや海藻が様々な生息場所をつくり、そこに小さな甲殻類やゴカイの仲間がすみ込んだことが考

図２．小友浦の干潟域の「周辺部」（上）とそこに生息していたアシハラガニ（左中段）及び「中心部」（右下）と礫上に生息するマガキ、フジツボ類と海藻（左下段）。「周辺部」と「中心部」については本文を参照。

えられます。それでは、種類数の多い中心部だけが大事なのでしょうか。三年間の調査で記録された八五種のうち、一七種は周辺部のみから、二三種は中心部のみからみつかっています[3]。たとえば、岩手県では珍しいアシハラガニや、汽水にすむカワゴカイの仲間などが周辺部のみから、巻貝のアオモリムシロや二枚貝ヒメシラトリなどが中心部のみから記録されています。アシハラガニは干潟の陸側にできるヨシ原などに巣穴をつくり、夏には干潟に降りて餌をとることから、ヨシ原と干潟の物質循環に重要な役割を担っていることが知られています。

　このように周辺部にも中心部にも、それぞれ独特な種類が生息し、特異な生態系が発達しますので、干潟全体の生態系サービスをうまく活用するには、異なった特徴をもつ複数の生息場所を残していくことが必要なことがわかります。二〇一四年には周辺部のほとんどが埋め立てられてしまいましたが、これからの小友浦を考えるとき、アシハラガニなどがすむ周辺部の重要性も忘れてはいけません。

12

リアス海岸の干潟の底生動物は震災発生後にどうなったのか

木下今日子

岩手県の海岸の南半分は、小さな湾が複雑に入り組んだ形をした「リアス海岸」になっており、干潟は主に湾奥《わんおう》の河口にみられます。湾の形にもよりますが、湾奥の河口干潟は津波の被害を特に受けやすい場所で、東日本大震災でもリアスの干潟の多くに高い津波が襲来しました（口絵4）。そして、そこに生息する底生動物も大きな影響を受けました。ここでは、岩手県のリアス海岸にある三つの主要な河口干潟（津軽石川、織笠川、鵜住《うのすま》居《い》川の各河口）の底生動物を対象に、震災発生の前後に行われた調査をもとに、震災の影響とその後の回復状況について紹介します。リアス海岸の干潟にすむ生物の回復の仕方は、どれも同じようなものなのでしょうか。三つの干潟での回復状況から考えてみます。

震災発生前後の底生動物の種数変化

震災発生前の底生動物の情報は、環境省が実施した干潟調査の報告書から得ました。震災発生後の調査も、この報告書に書かれた方法に準じ、干潟ごとに七〜八か所で行いました。ただし、震災やその後の復旧工事の影響などにより調査地点が失われた場合は、新たに調査地点を設けて調査を行いました。その結果をもとに、底生動物の種数が震災発生前後でどう変化したか、震災発生前に記録された底生動物が、震災発生後の四年間にどれだけみつかるようになったのかをみていきましょう。

図１．津軽石川の河口干潟と底生動物の調査風景（2014年７月）。

津軽石川の河口干潟（図１）は宮古湾の南部にあり、岩手県で最も大きな干潟です。底生動物の種数も多く、震災発生前には三九種が記録されていました（図２）。震災発生直後の二〇一一年にみられた底生動物の種数は二三種に減少しましたが、その後の調査では三〇種前後を推移しています。この種数には、震災発生後に新たに発見された底生動物も含まれています。そこで震災発生前にみられた底生動物のみを数えてみたところ、震災発生後に確認されたのは三〇種（七七パーセント）でした。この割合は、次の織笠川の河口干潟よりも高いものです。

織笠川の河口干潟（図３）は山田湾の南西部に位置します。かつては県内有数の潮干狩り場で、「アサリまつり」が開催され、多くの人々がアサリ掘りを楽しんでいました。しかし、震災の影響で地盤が大きく沈下し、干潟の面積が著しく狭くなったことから、震災発生後はアサリまつりは行われていません。震災発生後の調査でも、新たな調査地点を設けることができなかったので、震災発生前に八か所あった調査地点のうち、震災発生後の二〇一一〜二〇一二年は二か所のみで調査を行いまし

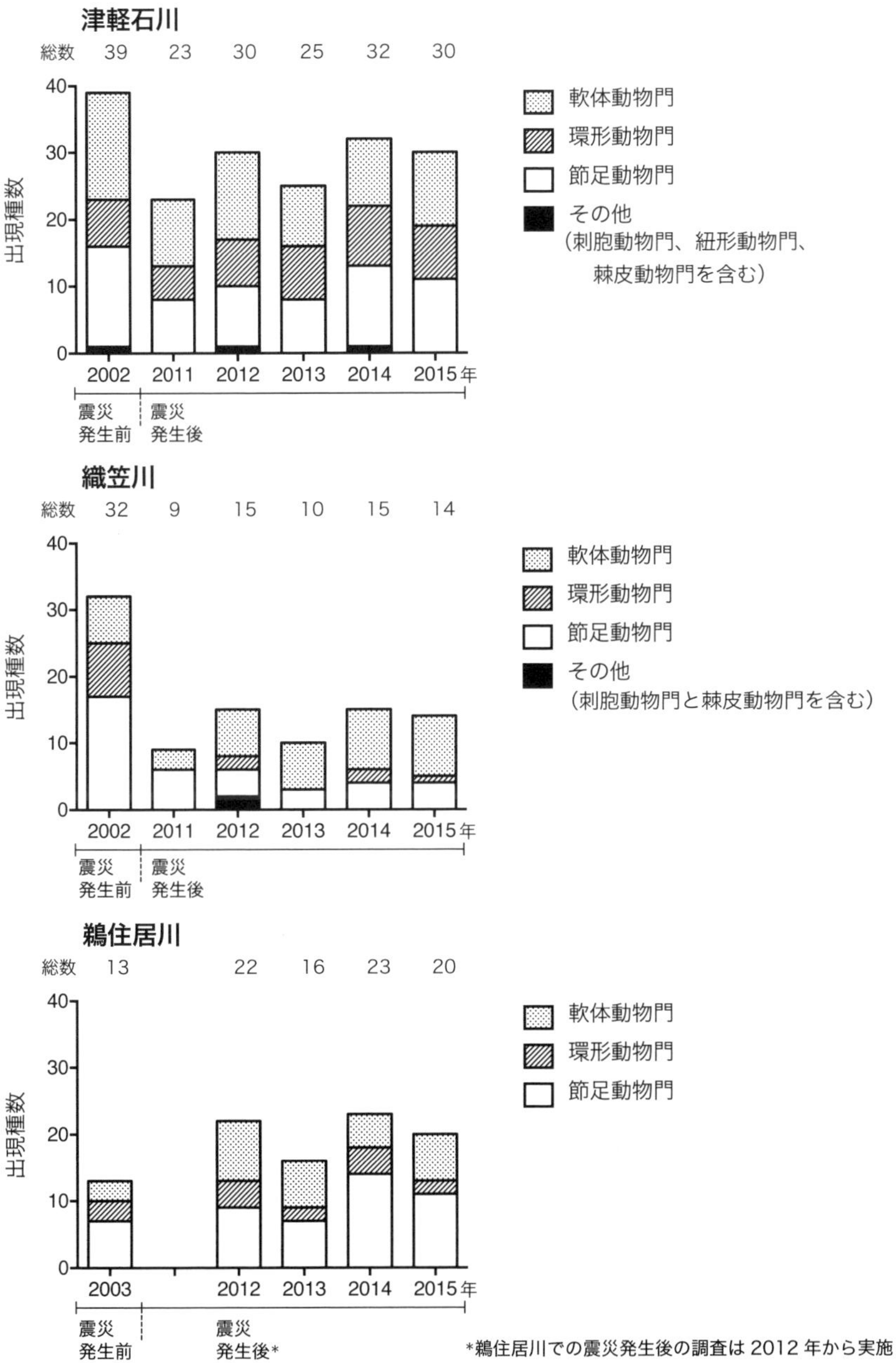

図 2. リアス海岸の 3 つの干潟における底生動物の出現種数の推移。

図 3. 織笠川の河口干潟の様子。写真の右上から中央に架かる橋は織笠大橋。震災発生前は、干潟が織笠大橋から海側（写真の右方向）まで広がっていた（2015 年 4 月）。

た。二〇一三年以降は道路のかさ上げ工事などにより干潟の面積がさらに減ったため、調査は一か所のみで行ないました。震災発生前に記録された底生動物は三二種でしたが、震災発生直後の二〇一一年にみられた底生動物は九種に減少し、その後の調査でも一〇～一五種にとどまっています。また震災発生前にみられた底生動物の中で、震災発生後の調査では一二種（三八パーセント）しかみつかっていません。しかしこれは、震災発生後の調査地点が少ないことから、当然の結果ともいえます。そこで、震災発生前後の両方で調査ができた地点のみを比べてみますと、震災発生前は一七種、震災発生後は一二種（七一パーセント）とわかりました。では、この調査でみつからなかった底生動物は、織笠川の河口からいなくなってしまったのでしょうか？　環境省が震災の後に、この調査とは異なる方法を用いて、震災で浸水し、干潮時でも干出しない調査地点を含めた底生動物の生息状況を調査していますが、その報告書をみると、震災発生前にみられた底生動物のうち、私たちの干潟での調査ではみつからなかった一三種が確認されました。この一三種

図 4. 鵜住居川の河口干潟（2012 年 8 月）。

と干潟調査でみつかった一二種を合わせると、震災発生前の干潟でみられた底生動物の七八パーセントが、震災発生後の織笠川に生息していることがわかりました。この結果をみると、干潟にならなくても、底生動物にはあまり影響がないと思われるかもしれません。しかし、震災発生後の調査で、干潟だけでみつかった底生動物は一六種に達していました。もし干潟がすべて失われたら、干潟にいる底生動物はどうなるでしょうか？　干潟という環境は、潮が引けば空気にさらされて乾燥し、さらに気温や日照の影響を受けて温度が変わります。そして潮が満ちると、海水温の影響を受けるために温度が短期間で激しく変化することから、多くの底生動物にとってすみやすい場所であるとはいえません。しかし生物は、厳しい環境に適応することにより、他の生物との競争を避けることができます。つまり干潟には、その環境に適応した種が生息しているといえます。したがって、干潟が失われてしまうと、干潟とは異なる環境の変化に適応できない種や、他の生物との競争に負けてしまう種は生息できなくなってしまいます。

鵜住居川の河口干潟（図４）は大槌《おおつち》湾の西部にあります。震災発生前の河口付近には砂浜があり、海水浴場として親しまれていました。川はこの砂浜を迂回して海へと流れるように整備され、その左岸（左側の岸辺）は堤防でおおわれていました。津波の影響により、河口付近の地形は大きく変わりました。砂浜が流されたことにより、河口が大きく広がりました。震災発生後の調査は、二〇一二年から実施しました。震災発生前の調査地点の七か所はすべて失われたため、新たな調査地点を三か所設定しました。震災発生前に記録された底生動物は一三種でしたが、震災発生以降は調査地点が少ないにもかかわらず、出現種数は一六〜二三種に増加しました。震災発生前にみられた底生動物の中で、震災発生後にもみつかった種類は一〇種（七七パーセント）でした。津軽石川や織笠川にも震災発生後の干潟で新たに発見された底生動物はいましたが、その数は鵜住居川で際立っています。この理由として、震災によって鵜住居川の河口が拡大したことにより、川から流れ込む淡水と、海からの海水が混ざり合う汽水域の幅が広がったことが考えられます。河口干潟には塩分の変化に適応できる種が生息していますが、その適応範囲は種によって異なります。震災発生前の鵜住居川の干潟では、塩分の低い環境に分布する底生動物が多くみられました。しかし震災発生後には海水が以前よりも広い範囲に入り込み、より高い塩分を好む種が多くみつかっています。震災によって、底生動物に新しい生息環境がつくり出されたことになります。

防災設備と干潟の共存

岩手県のリアス海岸にある干潟の規模は、仙台湾の干潟などに比べて大きくありません。しかし、干潟と底生動物は海洋生物、特に沿岸魚にとっては重要です。沿岸魚の多くは、稚魚の時期に干潟や砂浜、アマモ場を成育場として利用しています。そして干潟の底生動物は、稚魚の重要な餌の一つであることが知られています。つまり干潟と底生動物は、水産資源を維持する上で欠かせない存在なのです。岩手の干潟は津波や地盤沈下により大きな攪乱《かくらん》を受けましたが、干潟の底生動物については、震災発生前に記録された種数のうち、およそ七割が戻っ

図５．織笠川河口干潟の「アサリまつり」（2010 年５月２日）（写真提供：山田町役場）。

たといえそうです。しかしながら、被災地の沿岸では、津波対策のために高い防潮堤の建設が進められ、被災地の干潟環境は変わりつつあり、底生動物への影響が懸念されます。岩手県は過去に何度も津波の被害を受けているため、これまでも防潮堤はつくられていました。震災発生後はさらに高い防潮堤が再建されるために堤防の敷地面積が広くなり、これにともない沿岸が埋め立てられることから、リアスの干潟はさらに狭くなると考えられます。その上、干潟の底生動物は、震災の前から水産資源としてほとんど利用されていませんでした。かつて市民が底生動物と触れあうことができた織笠川の「アサリまつり」（図５）も、再開のめどがたっていません。現状では、市民と干潟との直接的なつながりが極めて乏しいといえます。防潮堤の建設目的は防災対策であり、人と干潟との直接的なつながりが失われた現状では、干潟の面積減少に対する関心が薄いことは自然な流れかもしれません。しかし干潟が失われることは、地域の資源が失われることになります。被災地の復興を実現させるためには、防災設備と干潟の共存を図ることが必要です。

コラム　写真でみる新しくできた湿地と干潟

宮城県名取市広浦の南側に形成された湿地（2012 年 9 月）。ガマが生い茂り、ミズアオイの花が咲いていた。この湿地の近くでハマガニが発見された（4 章、19 章参照）（撮影：鈴木孝男）。

宮城県気仙沼市津谷川河口の右岸にできた干潟と湿地（2015 年 5 月）。この近辺で、ハマガニ、アカテガニ、ヨシダカワザンショウなど希少種の生息が確認された（4 章参照）（撮影：鈴木孝男）。

第3部

砂浜・海崖・海岸林

13 海岸砂丘植生に及ぼす津波のインパクト

早坂大亮

二〇一一年三月に発生した東北地方太平洋沖地震にともなう津波により、多くの尊い命が奪われました。それに加え、東北地方の素晴らしい自然環境や景観、生態系も大きな影響を受け、状況が一変しました（図1、口絵8・10）。なかでも、海岸砂丘は海と陸の境界に位置しており、沖合いから襲ってくる津波の影響を陸地として一番最初に受ける場所です。そのため、凄まじい影響を受けた海岸環境の行く末が気がかりでなりません。しかし、環境学や生態学を学んできた学者の立場から今回の災害を考えてみると、津波は自然や生態系にとって悪いもの、起こってはいけないもの、と単純に議論することはできません。むしろ、「津波は海岸の生態系にとってどのような意味をもつ攪乱《かくらん》だったのか？」ということを明らかにしてみたくなります。そこで、ここでは植物を通して私なりの津波という「攪乱」（コラム「攪乱の二つの作用」参照）の意味を解説したいと思います。

攪乱としての自然災害

攪乱の影響の大きさを予測したり、攪乱そのものがもつ意味や特徴、性質（これを生態的意義といいます）を明らかにする場合、攪乱の前後で評価の対象とする場所の環境や生物相を比較することが有効な手段となります。山火事や地すべり、台風といった自然災害は、攪乱としての規模は大きいですが、発生頻度が比較的高く、

図1．津波により防潮堤は破壊され、海岸砂丘植生の多くは砂のもち去りの影響を受け消失した（2011 年 12 月　岩手県田野畑村明戸海岸、撮影：川西基博）。

発生場所の予測も立てやすいため、これまで多くの知見が集まっています。一方、津波は発生頻度が極めて低く、偶然性の高い攪乱であるため、その影響をきちんと評価した研究は、世界的にもほとんどありません。私は偶然にも、津波の発生前（二〇〇三年八月）に被災地域の海浜植物群落の構造と機能について調査していたため、同一の地点で植生の変化を比較することができました。そこで、青森県南部から岩手県北部にかけて、護岸の設置状況や海浜植物群落の発達度合いが異なる四つの海岸（大須賀《おおすか》海岸、久慈、十府《とふ》ヶ浦海岸、明戸《あけと》海岸）において、津波直後（二〇一一年八月）に調査を実施しました（表1）。

津波前後の植生の比較

調査は、植生調査と呼ばれる方法で行いました。これは、調査場所の植生の特徴を良く表している複数の地点に、方形区（コドラート）と呼ばれる四角い枠を設置し、その中に生育する植物の種類と各種の被覆の度合いを測定する、というものです。

津波の前後で植生の比較を行った結果、ハマニンニクやコウボウムギ、ハマアカザ、ハマニガナといった、海岸砂丘の前面に生育する傾向にある種やシロヨモギなどの海浜性の植物が、軒並み、津波による砂のもち去りの影響を受け減少しました（図2）。なかでも、ハマニンニクの群落は、砂の移動の激しい海岸砂丘前面の不安定帯と呼ばれる立地に生育するコウボウムギやハマニガナなどの海浜性の植物を、波浪の影響から守る上で重要な役割を果たします。このことから、ハマニンニクは海岸砂丘の成帯構造（ゾーネーション）、すなわち環境や地形の変化にともなう植物種の変化にとって必要不可欠な存在なのです。堤防や波消しブロックといった人工構造物がなく、海岸砂丘の植生が非常によく発達していた大須賀海岸では、方形区あたりの海浜植物の種数が大幅に減少しましたが、海岸全体の種の組成は津波の前後で大きく変わりませんでした。他方、構造物が設置されている他の三つの海岸では、方形区あたりの海浜植物の種数はそれほど変わりませんでしたが、種類組成は大きく変化しました（図3、表1）。この現象は、津波後にへ

表1. 調査海岸における津波前後の海岸砂丘植生の変化の状況（±の数字は標準誤差を示す）（(2) を改変）。

	大須賀（青森県八戸市）		久慈（岩手県久慈市）		十府ヶ浦（岩手県野田村）		明戸（岩手県田野畑村）	
	津波前	津波後	津波前	津波後	津波前	津波後	津波前	津波後
調査区数	31	31	25	26	13	16	27	10
方形図あたりの出現種数	$6.7_{\pm 3.6}$	$5.2_{\pm 3.0}$	$4.9_{\pm 3.0}$	$4.7_{\pm 1.9}$	$4.2_{\pm 3.9}$	$4.4_{\pm 2.3}$	$5.4_{\pm 2.7}$	$7.1_{\pm 2.8}$
方形区あたりの海浜植物種数	$6.1_{\pm 2.8}$	$4.1_{\pm 1.6}$	$3.5_{\pm 1.3}$	$3.0_{\pm 1.3}$	$2.6_{\pm 1.0}$	$3.1_{\pm 1.3}$	$4.0_{\pm 1.5}$	$4.1_{\pm 1.5}$
方形区あたりの非海浜植物種数	$0.6_{\pm 1.1}$	$1.1_{\pm 2.1}$	$1.4_{\pm 2.2}$	$1.7_{\pm 1.8}$	$1.6_{\pm 3.1}$	$1.3_{\pm 1.7}$	$1.4_{\pm 2.1}$	$3.0_{\pm 2.2}$

図2．海岸砂丘植物。(a) 植生全景（青森県八戸市大須賀海岸）、(b) ハマニンニク、(c) コウボウムギ、(d) ハマニガナ、(e) シロヨモギ、(f) 植生調査風景。

ラオオバコやオオマツヨイグサ、ヨモギ、エノコログサといった、人為の影響を強く受ける人里や改変地などでよくみかける非海浜性の植物が侵入したことに由来したと考えます[2]。

津波によって植生が変化する最大の要因

津波が引き起こす最も大きな変化は、大規模な海岸の侵食と漂着物や土砂の堆積です。津波は、「押し波と引き波の双方向の攪乱」であり、海からだけでなく内陸からの影響も同時に受けます。ここが台風のような沖合いから内陸に向かう一方向の攪乱とは大きく異なる点です。自然度の高い大須賀海岸では、海浜性の植物が海岸全体に密に生育しており（図2a）、砂のもち去りや堆砂に対する耐性が高く、また、植生が破壊された場合にも、周辺に残存個体群が存在するため、その回復が比較的早かったのでしょう。ただし、このような海岸では、根の浅いもの（通常、数〜数十センチメートル）から深いもの（数メートル以深）まで多様な形質や特性をもつ植物が生育しています。現地調査から、津波により数十センチメートル程度の砂がもち去られた地点が複数確認されたため、根の浅い植物の多くがダメージを受けたと予想されます。これが、大須賀海岸における方形区あたりの海浜植物種数の減少の理由と考えています。堤防などの整備がなされている海岸では、植生の分布が堤防の海側に限られ、また、人為の影響により植生もまばらで裸地も多かったため、砂のもち去りへの耐性が低く、津波によって海岸砂丘植生の多くが流失しました（図1）。これらの海岸では、津波により植生ギャップと呼ばれる空白の生育地・裸地が多数生じました。そこに、引き波時に内陸から運ばれてきた土砂の中に含まれる植物の種子が侵入したため、一時的に非海浜性の植物が優占する現象が引き起こされました。二〇〇四年一二月にインドネシアのスマトラ沖で発生した巨大津波においても、自然度の高い海岸と比べ海岸整備が進むリゾート海岸で、津波後に非海浜性の植物が多数侵入しました[1、3]。このことから、津波の後に植生が変化する様子は気候帯や種の組成にかかわらず共通である、と判断できそうです。つまり、津波により海浜植生が流失すると、内陸から侵入し

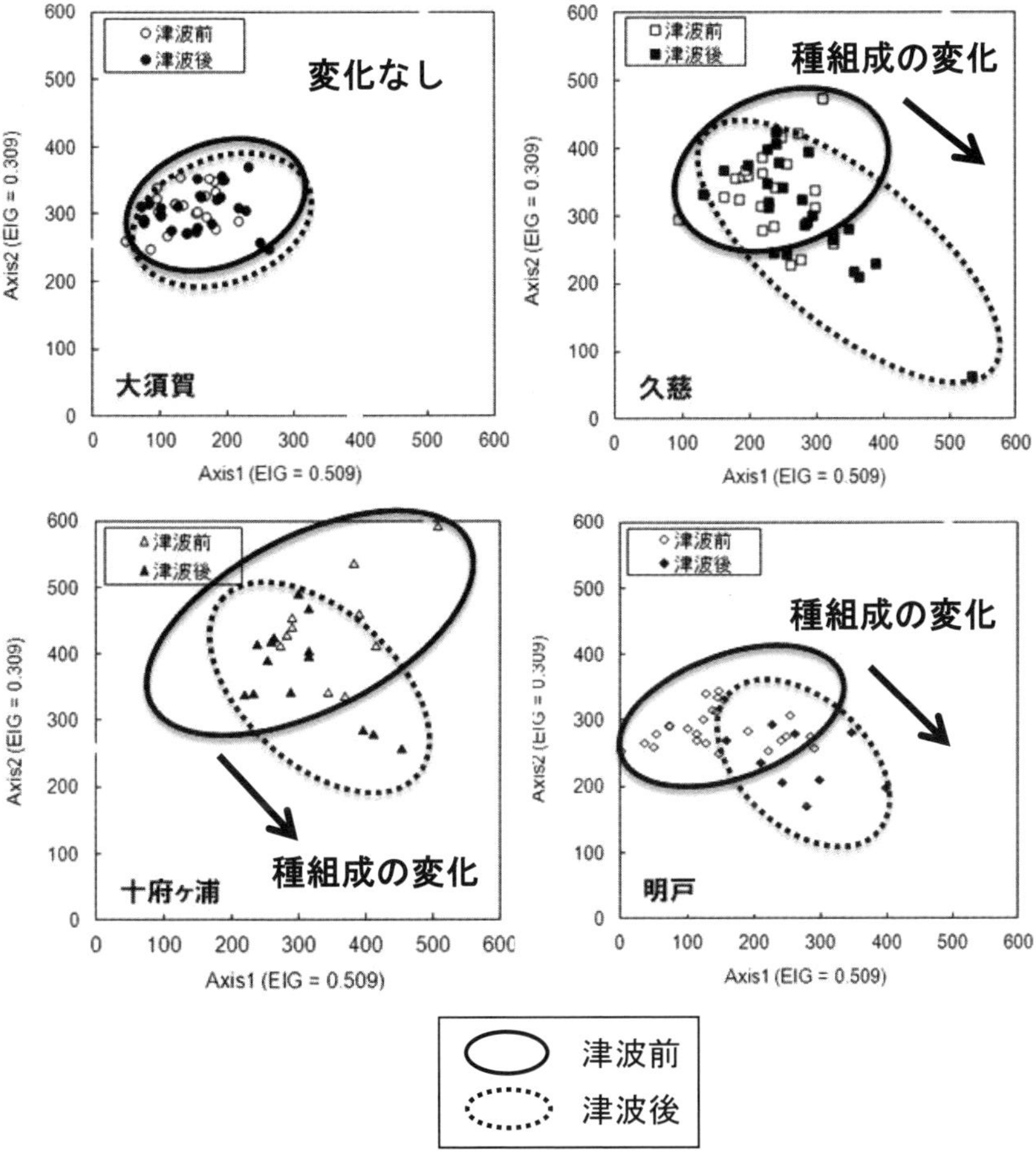

図3．津波がもたらした海岸砂丘植生の種組成の変化。黒塗り及び実線は津波前、白抜き及び点線は津波後の各調査方形区における種組成のデータをそれぞれ示す。プロット間の距離は種組成の類似性を示し、類似性の高いサンプルは互いに近い位置に配置される。二軸は統計量を示す（国立環境研究所（2013）「東日本大震災後の災害環境研究の成果」を一部改変）。

た非海浜性の植物が生育し、一時的に海岸砂丘の植生が大きく変化しますが、この現象は、構造物の設置などの人為の活動によって海浜植物群落が貧弱になった海岸でより明らかである、といえそうです。

海岸砂丘の植生が回復するには

震災発生から五年が経過しました。自然度の高い海岸では、津波直後に消失した海浜植物も徐々に回復してきています。これは、その種が残存した他の海岸から、海流や風といった経路で種子が供給されたり、土壌深くに残存していた種子（埋土種子《まいど》）が発芽した結果である可能性があります。しかし、海浜植物が分散したり群落を形成するとき、地下茎などの栄養繁殖器官と比べ、種子を起源とした個体の定着の成功率は低い、という報告もあることから、海浜植物が今後も安定して回復するかどうかは不明です。他方、人による影響の強い海岸ではいまだに、非海浜性の植物が海岸砂丘のあちこちに我が物顔で蔓延しており、津波前の自然環境とはほど遠いのが現状です。

これまで述べてきた現地での調査結果を踏まえ、次に知りたいことは、「現在、回復・遷移の途上にある海岸砂丘の植生がどの程度の期間で元通りになるのか？もしくは、限界を越える破壊を受けると二度と以前の姿には戻れないのか？　それなら、海浜植生の回復力（レジリエンス）の限界値はどこなのか？」ということです。

この問いは、現在、被災地域の多くで進められている、「生態系インフラストラクチャー」や防災対策にも大いに関係するものです。海浜植生は天然の防波帯として機能します。そして、植生を構成する植物には、先ほど説明したようにそれぞれの種にとって生育可能な環境の範囲や幅が存在します。当然ながら、この範囲を超えて健全に生育することはできません。生態系や自然のもつ本来の力を活用するためには、われわれ一人ひとりが自然の仕組みを十分に理解することが重要です。

自然との共生・共存を目指した復旧・復興には、「継続的な調査に基づく客観的な視点」が必要不可欠となってくるため、生態学者の役割・責務は極めて重いと思います。

14 津波を受けた砂浜植生の回復と埋土種子集団

川西 基博

土の中に埋まっている植物の種子のことを埋土《まいど》種子といい、種類によっては土の中で休眠した状態の種子がとても長い間生き続けることがあります。有名なものとして、およそ二千年間も土の中で眠っていた大賀ハスがありますが、そのほかにも、埋土種子として長い間休眠する植物が多く知られています。

埋土種子のなかには、地上が植物に覆われて暗かったり、乾期で水分がない状態が続いたりなど、発芽の条件が満たされていない状態では休眠を続けるものがあります。このような埋土種子は、もし地上を覆っている植物が死んで日当たりが良くなったり、雨が降ったりして環境が良くなれば発芽して成長します。このため、埋土種子集団は植物群落の維持と再生に役立っており、特に攪乱《かくらん》後の植生回復において重要な役割を果たすと考えられています。

埋土種子の調査

東北地方の太平洋側の砂浜植生は二〇一一年の津波によって大きく被害を受けました。その後、植生は回復過程にありますが、津波前後で砂浜植生の植物が変わったことが明らかにされており（13章参照）、海岸生態系の保全のためにも海岸植生が今後どのようになっていくのか気になるところです。津波被害を受けた砂浜での埋土種子について調べれば、植生回復がどのように進むかを知る手がかりになるかもしれません。そこで、岩手県の砂浜海岸において二〇一一年一二月に砂の中に含まれている埋土種子の検出を行いました。

まず、岩手県田野畑村の明戸《あけ と》海岸の例を紹介します。明戸海岸は津波によって堤防が破壊され、植生が大きく攪乱を受けました（図1、口絵8、13章図1参照）。この砂浜で横断測量を行い、いくつかの地点で砂を採取しました（図1ライン1・2、図2）。その砂をプランターに敷いて発芽してきた実生を確認することで、砂に含まれる種子を検出する試験（発芽試験）を行いました。その結果、比較的海に近い地点（A3、A4、A7、A8）から確認された埋土種子はありませんでした（ただし死んだ種子は含まれていました）。一方、堤防側のハマニンニクやヨモギの群落に近い地点（A1、A2、A5、A6）からはヨモギ、シロザ、メヒシバ、アキメヒシバ、シバ、マツヨイグサ属などが確認されました。しかし、現在の明戸海岸で多くみられるハマニンニクの埋土種子は確認されませんでした。

図1．明戸海岸の津波前（1977）と津波後（2011）の空中写真（国土地理院ホームページ）。2011年写真の1と2はライン番号を示す。

以上のように、明戸海岸においては、地上の植生をつくっている植物と埋土種子の種類は、必ずしも一致していませんでした。海岸植物のハマニンニクなどの埋土種子はほとんどなく、その代わりにシロザ、ヨモギとい

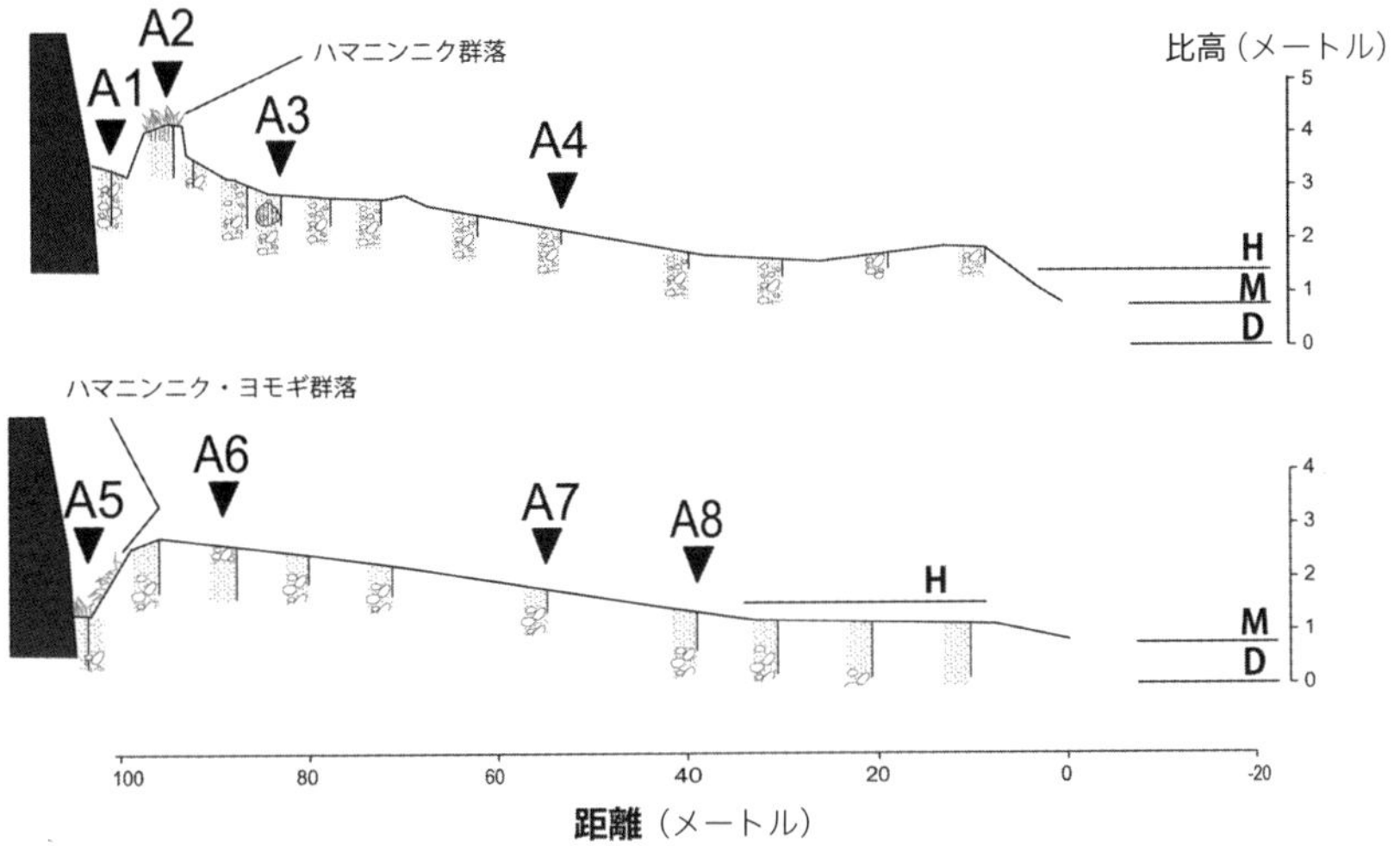

図２. 明戸海岸のライン１（上）とライン２（下段）の微地形と植物群落の位置。A1～8は砂の採取地点を示す。図の左が堤防側。H：高潮位線、M：平均潮位線、D：潮位基準面。地表から下方への垂線の地点は検土杖で観察した堆積物の状態を模式的に示す。

つた海岸以外でもよくみられる植物が多いことがわかりました。

明戸海岸のほかに、大船渡市の吉浜、野田村の十府《とふ》ヶ浦、久慈市夏井川河口の砂浜でも同様の調査を行いました。発芽試験の結果、吉浜、明戸海岸では六種、十府ヶ浦は四種、久慈は九種の埋土種子が確認されました（表1）。各調査地のサンプル一リットルあたりの種子数の平均値は、最も多い明戸海岸で六・四±一一・八個／リットル（平均値±標準偏差）で、吉浜、十府ヶ浦、久慈でそれぞれ三・二±四・七、一・〇±一・〇、三・〇±四・九個／リットルと全体的に少なく、植物の種類は限られていました（表1、図3）。ヒユ科のシロザ、ウラジロアカザ、アリタソウ、キク科のヨモギ、オニタビラコ、イネ科のメヒシバ、アキメヒシバ、オオクサキビ、シバ、及びアカバナ科のマツヨイグサ属などが比較的多いという特徴がありました。これらは主に道端や田畑の畔などに生育する植物です。一方、ハマエンドウ、ハマボウフウ、ハマヒルガオ、コウボウムギ、コウボウシバ、ハマニガナ、ケカモノハシなどの海岸植物はどの調査地からも確認さ

表 1. 埋土種子の種組成と密度（個 /1 リットル）。2011 年 12 月に砂浜の表層（0 ～5 センチメートル）から採取した堆積物について、発芽試験によって確認された種子の個体数の平均値と標準偏差を示す（(2) を改変）。

	吉浜	明戸	十府ヶ浦	久慈
サンプル数	5	8	5	6
総個体数	3.2 ± 4.7	6.4 ± 11.8	1.0 ± 1.0	3.0 ± 4.9
海岸植物個体数	0	0	0	0
外来種個体数	1.6 ± 3.0	0.5 ± 1.1	0.4 ± 0.9	1.7 ± 4.1
その他個体数	1.6 ± 1.8	5.9 ± 11.6	0.6 ± 0.9	1.3 ± 1.0
アキメヒシバ	—	1.5 ± 3.5	—	—
アリタソウ	0.2 ± 0.4	—	—	—
イネ科の一種 1	—	—	—	0.2 ± 0.4
イネ科の一種 2	—	—	—	0.2 ± 0.4
イネ科の一種 3	—	—	—	0.3 ± 0.5
ウラジロアカザ	—	—	—	1.0 ± 2.4
オオクサキビ	0.2 ± 0.4	—	—	—
オニタビラコ	—	—	—	0.2 ± 0.4
シバ	—	0.5 ± 1.4	—	—
シロザ	1.4 ± 2.6	0.4 ± 1.1	0.4 ± 0.9	0.3 ± 0.8
ヌカボ	—	—	—	0.2 ± 0.4
ハチジョウナ	—	—	0.2 ± 0.4	—
ハマツメクサ	—	—	0.2 ± 0.4	—
マツヨイグサ属の一種	—	0.1 ± 0.4	—	0.3 ± 0.8
メヒシバ	0.6 ± 0.9	3.0 ± 8.1	—	—
ヨモギ	0.6 ± 1.3	0.9 ± 2.1	—	0.3 ± 0.8
不明	0.2 ± 0.4	—	0.2 ± 0.4	—

れませんでした（表1）。

　そもそも、岩手県の砂浜の、津波前の埋土種子集団はどのようなものだったのでしょうか。残念ながら、それを明らかにした研究例はなく、はっきりしたことはわかっていません。しかし、他の地域については、砂浜に埋土種子集団があることが知られており、[1] 海岸植物のハマエンドウ、ハマボウフウ、ハマヒルガオ、コウボウムギ、コウボウシバ、ハマニガナ、ケカモノハシなどの種子は休眠する性質をもつことが実験的に明らかにされています。[3] これらは岩手県の砂浜でもよくみられる植物で、今回の調査地にも津波前に生育していたことがわかっています。これらのことから、私は津波の前の砂浜では、ある程度の海岸植物の埋土種子集団が存在していたのではないかと考えています。

　今回の調査は全体のサンプル数が多くないので、確認されなかった植物の埋土種子が砂浜の砂の中にまったくなかったとはいい切れないのですが、津波後は埋土種子が極めて少ない状態になっていたと考えられます。残念ながら、海岸植物の埋土種子は津波直後に速やかに植

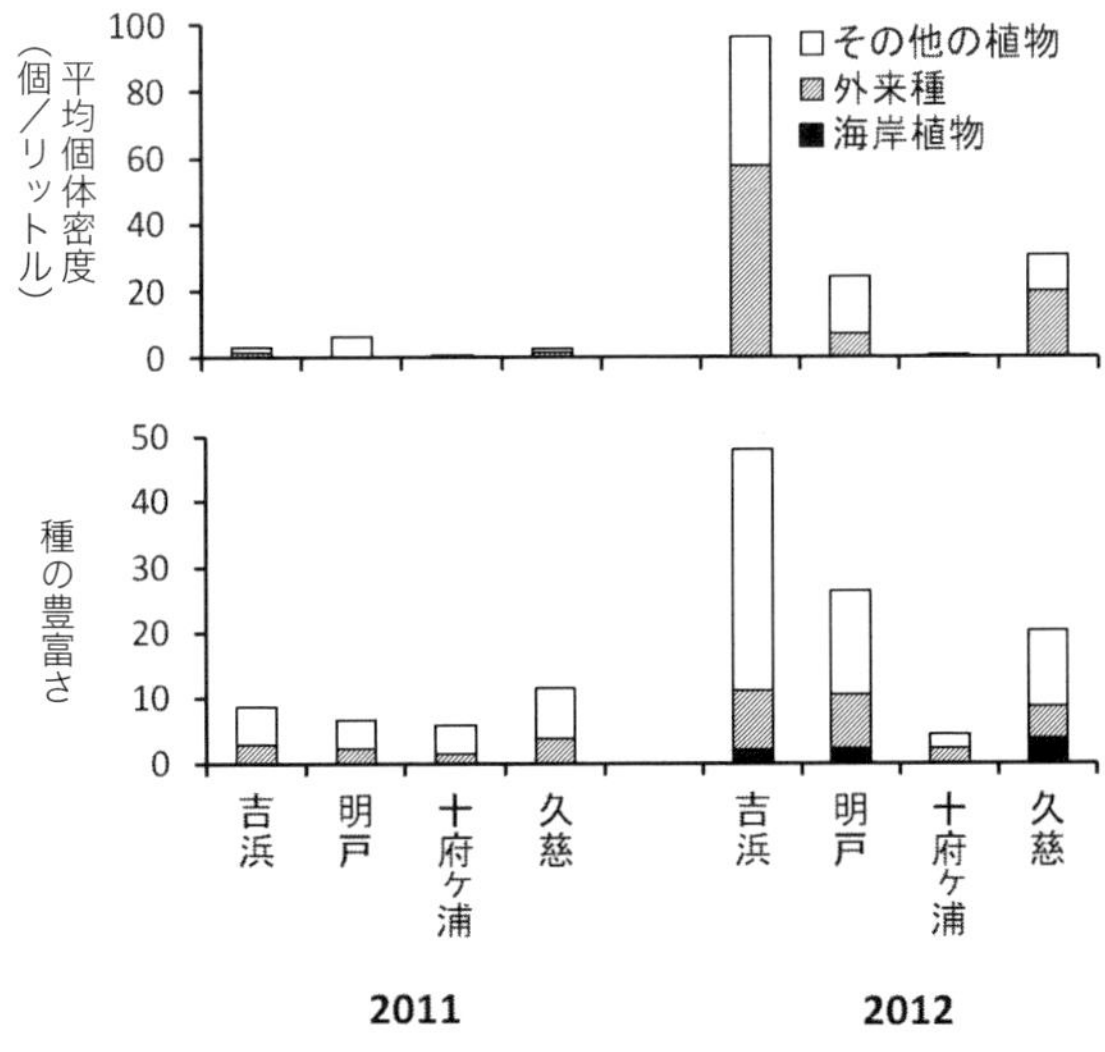

図3．2011年と2012年の埋土種子の平均個体密度と種の豊富さ（(2) を改変)。

生を回復させるほどの効果はなかったのではないでしょうか。

一方、埋土種子が確認されたヨモギやメヒシバといった田畑や路傍の雑草は、津波後に砂浜で増加したことが知られており、これは津波によって内陸の堆積物とともに種子が運ばれてきたためと考えられています（13章参照）。今回埋土種子として確認された種子が、津波に直接運ばれてきたのか、津波後に別の経路で散布されたのかを判別するのは難しいですが、いずれにしても津波直後の埋土種子集団は田畑や路傍の雑草が比較的多い状態になっていたといえるでしょう。

二〇一一年一二月の時点では以上のような状態でしたが、翌年の二〇一二年一一月の調査では、埋土種子の密度や種の豊富さは増加する傾向にありました（図3）。海岸植物の種の豊富さは増加しました。ですが、それにもまして外来種やその他の種（田畑や路傍の雑草など）も増加していました。これらの埋土種子の一部は翌春に発芽するはずですので、まだしばらくは海岸植物以外の植物が多い海岸植生が続くことが予想されます。

回復過程にある植物の変動

津波による大攪乱後の植生回復過程において、植物が変動する様子は種類ごとに異なってくると予想されます。どのように変動するのでしょうか。種子の移入と地上の植生の相互関係が気になるところです。また、波打ち際に打ち上げられている漂着物には、オカヒジキ、オニハマダイコン、ギシギシなどの種子が含まれていることが確認されており、海からの植物の移入の影響も考えないといけません。これらのことを解明するために、今後も継続して調査をしていく必要があります。

15 海辺にすむ甲虫類は今どうなっているか

大原昌宏・小林憲生・稲荷尚記

二〇一〇年六月、私たちは仙台から八戸にかけて太平洋岸の海浜性甲虫調査を行いました。海浜性甲虫とは、砂浜に打ち上げられた海藻の下に生息する、ガムシ、エンマムシ、ゾウムシなどの甲虫類を指します。相馬の松川浦、東松島の野蒜《のびる》海岸、石巻の白浜、陸前高田の高田松原海岸、釜石の根浜《ねばま》（鵜住居《うのすまい》海岸）など美しい砂浜で、打ち上げられた海藻の下から、多くのハマベゾウムシやエゾケシガムシといった甲虫類を採集したことを覚えています。

二〇一一年三月の大津波で、これらの海岸は大きな被害を受けました。報道では、甚大な人的被害に加え、高田松原が消失するなど自然環境も大きく変化したと伝えられました（2章参照）。被災された人々を心配したのは当然ですが、砂浜に生息していた海浜性甲虫類も、津波でどうなったのか、流されて消失してしまったのか、あるいは変わらずに生息しているのか、気になりました。また大津波は千年に一度の頻度で発生しているという事実も知り、計算すると一〇万年の間に一〇〇回も大津波は発生していることになります。海浜性甲虫類は数万年前にはすでに日本周辺の海岸線に生息していたと考えられますので、数多くの大津波を生き抜いてきたに違いありません。海岸の砂浜環境は過去の大津波がおこる度に大きく攪乱《かくらん》され、その度に甲虫類は生き残って現在に至っていることになります。では海浜性甲虫類はその攪乱からどのように回復してくるのでしょうか。

津波前後の海浜性昆虫の変化

私たちは偶然にも津波前年の二〇一〇年に東北地方太平洋海岸域の津波被害地域を調査していました。そのため、海浜性甲虫類の津波前の生息状況のデータと、津波後のデータを比較し、甲虫類の生息状況の回復過程を観察することができます。津波前後の比較研究の計画を立て、研究費を申請し、津波前とその後の三年間（二〇一二年から二〇一四年まで）の海浜性甲虫の生息状況の変化過程を調査することになりました。三年間で、津波前に調査をした二四地点だけではなく、様々な砂浜環境四七地点の甲虫類の採集と調査を行いました（図1）。

調査は千葉県から青森県まで広く行いましたが、津波前のデータがある二四地点については詳細に比較をしました。表1に特に詳細に調べることのできたケシガムシ類（コケシガムシとフチトリケシガムシ）の生息状況の変化を示しました。比較をした昆虫、ケシガムシ類はよく飛翔《ひしょう》する昆虫で、移動性が高く、環境が復元すると素早くその生息地に戻ってきます。環境の回復に敏感に反応する昆虫の一つといえるでしょう。表の中の環境変化レベルとは、調査地点の津波前と後の環境の変化の目安を示したもので、「⑴著しく変化、消失、⑵部分的変化、⑶変化無し」に区別しました。「谷型、山型」は、個体数増減で、二〇一二年から二〇一三年に減少し、二〇一四年に増加したものが「谷型」、逆に二〇一二年から二〇一三年に増加し、二〇一四年に減少したものが「山型」です。

比較の結果、砂浜自体が消滅、あるいは砂浜の面積や内陸への幅が著しく狭くなった、最も津波被害の大きかった環境変化レベル⑴の地点では、ケシガムシ類は、津波後はほとんど生息できず、個体数の回復もせず、ほぼ絶滅をしてしまったようです。レベル⑵の地点は、砂浜が部分的に消失、近隣にある程度の面積の砂浜が残されている状態です。ケシガムシ類は多くの砂浜で津波前の状態と同じ程度に生息が回復していました。レベル⑶は、環境の破壊が少なかった調査地点で、ケシガムシ類は津波前も後も変化なく生息していました。

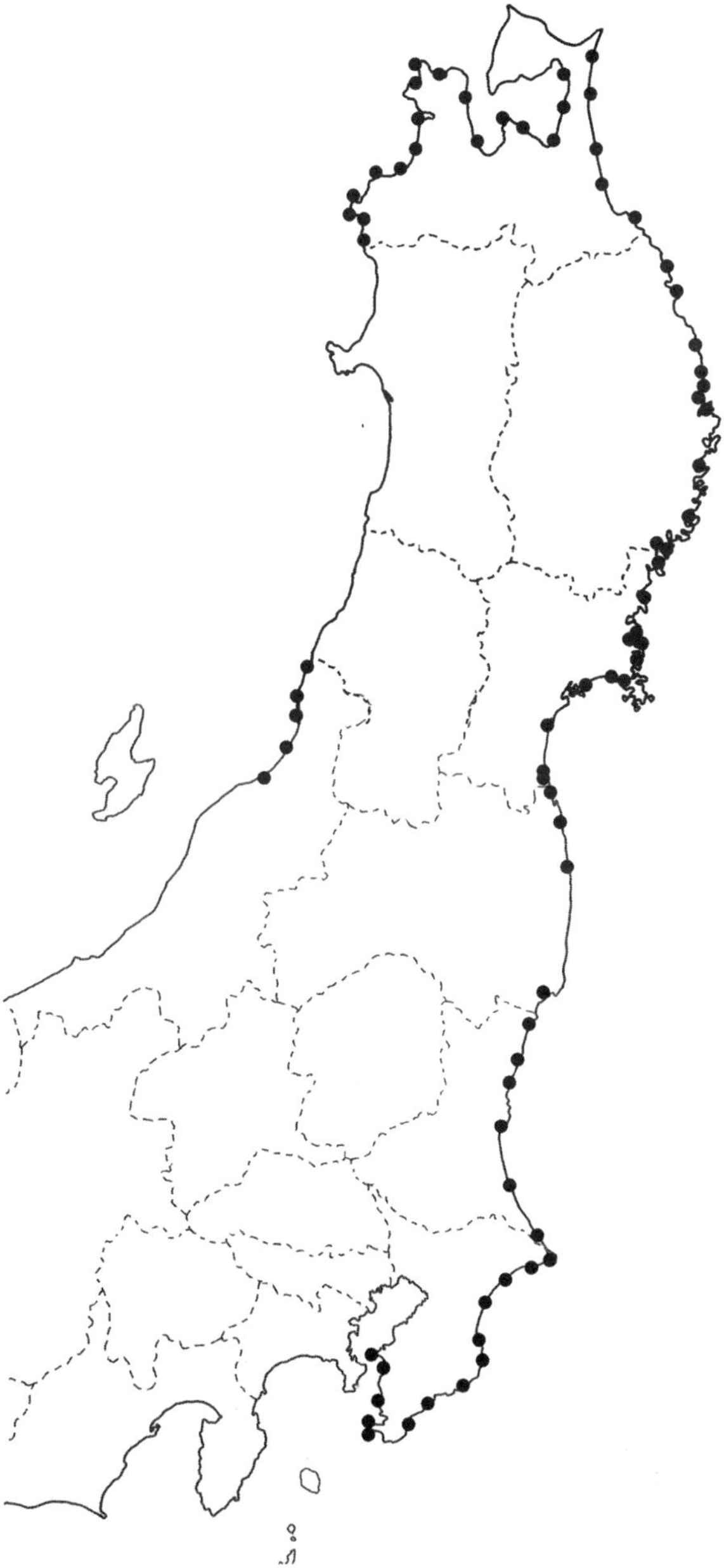

図 1．調査地点。

表１．主な津波被災地域の環境変化レベルとケシガムシ類の個体数動態。

	地名	環境変化レベル	指標種ケシガムシ類の個体数増減
1	六ヶ所村　中山崎	(3) 変化無し	増加
2	横浜村　百目木	(3) 変化無し	増加
3	野辺地町　十符ヶ浦	(3) 変化無し	減少
4	三沢市　高瀬川放水路	(2) 部分的変化	回復：谷型
5	三沢市　四川目	(2) 部分的変化	山型
6	八戸市　種差海岸	(3) 変化無し	増加
7	洋野町　陸中八木	(2) 部分的変化	減少
8	久慈市　小袖海岸	(2) 部分的変化	回復：谷型
9	岩泉町　小浜崎	(1) 著しく変化、消失	消滅
10	岩泉町　小本	(2) 部分的変化	増加
11	宮古市　真崎海岸	(2) 部分的変化	回復：谷型
12	釜石市　根浜海岸（北）	(2) 部分的変化	減少：山型
13	釜石市　根浜海岸（南）	(1) 著しく変化、消失	ほぼ消滅：谷型
14	陸前高田市　高田松原	(1) 著しく変化、消失	消滅
15	気仙沼市　大理石海岸	(3) 変化無し	山型
16	気仙沼市　陸前小泉	(2) 部分的変化	増加
17	石巻市　白浜	(1) 著しく変化、消失	消滅
18	石巻市　月浜	(1) 著しく変化、消失	消滅
19	石巻市　韮崎	(1) 著しく変化、消失	ほぼ消滅：山型
20	東松山市　野蒜海岸	(3) 変化無し	谷型
21	亘理町　吉田浜	(1) 著しく変化、消失	ほぼ消滅：山型
22	新地町　埒浜	(2) 部分的変化	増加
23	相馬市　松川浦　大洲公園	(1) 著しく変化、消失	消滅
24	相馬市　台畑	(2) 部分的変化	増加

図2. コケシガムシ
Cercyon aptus。

図3. フチトリケシガムシ
Cercyon dux。

調査したケシガムシ類は、ガムシ科の甲虫で、東北地方からは四種の海浜性ケシガムシ類が知られています。成虫は海岸に打ち上げられた海藻（アオサやコンブ類）を食べる植物食の昆虫ですが、幼虫はハエのウジなどを食べる捕食者です。砂浜にはコケシガムシ（図2）、ごろた石の浜にはヒメケシガムシ、フチトリケシガムシ（図3）、エゾケシガムシが生息しています。[1]

ケシガムシ以外の甲虫では、ハマベエンマムシ類も多く採集されています。ハマベエンマムシ類は、エンマムシ科の甲虫で、成虫、幼虫ともにハエのウジを捕食します。海鳥や魚の死体が海岸に打ち上がっている場合、その死体の下に確認できます。まれに打ち上げ海藻の下からも採集されますが、海岸に打ち上げられた死体がない時にはほとんど採集されないため、定量的な調査が難しい甲虫類です。津波後の様々な海岸で採集されており、成虫は飛翔力が強いために長距離を移動できると考えられ、生息個体群の早い回復がみられました。東北地方では、ハマベエンマムシ（図4）、カラカネハマベエンマムシ、ツヤハマベエンマムシの三種が採集されています。

図4．ハマベエンマムシ
Hypocaccus varians。

図5．ハマベゾウムシ
Isonycholips gotoi。

一方、ハマベゾウムシ（図5）は、多くの海岸で個体群が消滅してしまったようです。ハマベゾウムシは、ゾウムシ科の甲虫で、打ち上げられた海草のアマモを食しています[1]（図6）。アマモしか食べないことから、打ち上げられたアマモがなくなると本種は生息できなくなります。津波前の野蒜海岸、高田松原海岸、根浜海岸など数か所で採集されましたが、津波後の今回の調査では生息は確認できていません。

このように海浜性甲虫類、たとえばケシガムシ類、ハマベエンマムシ類は、大津波という大規模な環境攪乱の中でも生き延び、砂浜自体が消失したような地点以外では、わずか三年でほぼ津波前の状況に生息個体数が戻っていることがわかりました。しかし、食草をアマモのみに依存しているハマベゾウムシでは、アマモの消失とともに個体数は著しく減っていました。ケシガムシ類、ハマベエンマムシ類、ハマベゾウムシは、いずれも海岸にのみ生息する海浜性甲虫ですが、依存している食物やわずかな生息環境の違いによって個体数の回復の速度がだいぶ異なることがわかりました。

海浜性甲虫類が生息できる環境

津波後の調査をしていて心配になることがありました。それは防潮堤の建設が進み、砂浜が消失、あるいは砂浜の幅（奥行き）が著しく狭くなった場所が多くなったことです。海岸線の土砂が削られないように大きな礫を積んだ場所もあります。このような場所は、海浜性甲虫類が生息できる環境である、海藻が打ち上げられるスペースがほとんどなくなってしまい、残念ながら海浜性甲虫類の個体数の回復は期待できません。

図6．ハマベゾウムシの餌となる、打ち上げられたアマモ。

昆虫類は、たとえ津波で流されたとしても、小型の生物のためがれきなどにつかまって生き延びることができるようです。そして海岸に戻ってきたときに、生息環境となるわずかな砂浜と海藻が打ち上げられていれば、海浜性甲虫類はそこで再度、子孫を残し個体数を増やして回復していきます。砂浜が海岸線に沿って非常に長距離にわたって消失してしまうと、海浜性甲虫類の個体数の回復にはとても長い時間がかかると予想されます。しかし数キロメートルごとにでも、一定面積の砂浜が残っていれば、海浜性甲虫類は移動し、新たに砂がたまった新砂浜にも素早く進出していくのではないかと考えています。今回の調査はわずか三年の結果ですが、今後も数十年単位で回復過程を継続観察していく必要があると思っています。

16 巨大津波が浜に生息するハチたちに何をもたらしたか

郷右近 勝夫

私は二〇数年前から、仙台砂丘に生息するハチの種類とそれらの生態を調べてきました。そうしたなかの二〇一一年三月一一日午後二時四六分に、マグニチュード九・〇の巨大地震による東日本大震災が起こりました。それにともなった巨大津波の襲来により、東北地方の沿岸では一万八千余人（行方不明者を含む）もの尊い命が失われました。

砂丘海岸にすむハチ

さて、これからこの巨大津波にともなった仙台砂丘に生息するハチたちのてん末（運命）を手短に紹介したいと思います。まず、わが国の砂丘海岸にはどんなハチがどれくらいすんでいるのでしょうか。これから紹介するハチには、「狩りバチ」と「ハナバチ」という生活の仕方が異なる二つのグループがいます。前者はあらゆる昆虫やクモを狩り、後者は花を訪れて花粉と花蜜を幼虫の食べものにします。これまでの調べでは、わが国の砂丘海岸には、なんと約二〇〇種のハチがすんでいることがわかっています。そのうち海浜性生息種と準海浜性生息種を合わせると二三種で、全体の約一二パーセントが砂丘海岸を主な生活の場としています。つまり、砂浜が消失するということは、これらハチたちにとっての生活基盤（餌及び巣資源）の大半が失われることを意味しているのです（図1）。

海浜性生息種＝13種

シモフリチビコハナバチ	ナミコナフキベッコウ
キヌゲハキリバチ	アカゴシベッコウ
ノウメンハナバチ	チシマシロフベッコウ
ホソメンハナバチ	サクラトゲアナバチ
ホシトガリハナバチ	ヤマトスナハキバチ
アマクサハラアカハナバチ	ニッポンハナダカバチ
	キオビチビドロバチ

準海浜性生息種＝10種

マツムラメンハナバチ	ヒメハラナガツチバチ
ヨーロッパメンハナバチ	オオモンツチバチ
ネジロハキリバチ＊	コモンツチバチ
シロスジフトハナバチ＊	キスジベッコウ
キバラハキリバチ＊	キスジツチスガリ

図１．日本産海浜生息ハチ 23 種の生息区域別にみた種構成。
（2）を一部改変して示す。＊印は西日本に生息する種。

つぎに、仙台砂丘の砂浜環境の移り変わりをみていきましょう。仙台平野は南北約五〇キロメートルもある、わが国有数の海岸平野です。この平野は、今からおよそ五千年前以降に形成されはじめ、現在の海岸線は約二〇〇〇年前以降にできたものとされています。しかし、近年では海岸侵食により次第に砂浜がやせてきていて、仙台砂丘の一部の砂浜では余命が残り三〇～四〇年と見積もられています。それでは、この仙台砂丘の砂浜に生育・生息する「砂丘植物とハチ」とのかかわりをみていきましょう。

仙台砂丘で花を咲かせる主要な「砂丘植物」は、ハマボウフウ、ハマエンドウ、ハマヒルガオ、ハマニガナ、ウンラン及びオカヒジキの六種があげられます。いっぽう、これら花の受粉にかかわるハチとしては、シモフリチビコハナバチ、マツムラメンハナバチ、キヌゲハキリバチ（以上ハナバチ）及びキオビチビドロバチ、オオモンツチバチ、コモンツチバチ（以上狩りバチ）の六種があげられます。このなかで、体長六ミリメートルの小さなシモフリチビコハナバチは砂丘植物のあらゆる種類の

図2．ハマボウフウの雄性期の花を訪れたシモフリチビコハナバチの雌バチ。

重要な送粉者（ポリネーター）であることがわかってきました。つまり、シモフリチビコハナバチを筆頭にここに挙げた六種のハチがハマボウフウなどの花にとって、次の世代の種子を生産するためには、かけがえのないパートナーなのです（図2）。

仙台砂丘には、もう一つ忘れてはならない貴重なハチが生息しています。それは、ニッポンハナダカバチという体長二五ミリメートルの大型の狩りバチの一種です。このハチの生息地が、仙台砂丘では約二〇年前から激減しはじめたのです。その原因は、当時のレジャーブームによる砂浜へのレジャーカーの進入と砂浜への防潮林のクロマツの植林の拡大事業のためと考えています。なお、ニッポンハナダカバチは現在では環境省レッドリストに絶滅危惧Ⅱ類（ＶＵ）として掲載され、絶滅が心配されている種です。

ニッポンハナダカバチは裸地の砂浜の地中に巣をつくり、そのなかに育室を設け大型のハエやアブを狩り、十数匹貯めこみます（図3）。震災発生後の二年目に、南蒲生《がもう》／砂浜海岸エコトーンモニタリングサイト区域

図3．ニッポンハナダカバチの生態。(A) 母バチが狩った獲物を腹合わせにかかえて巣口に降り立つ。(B) 1個の育室に貯えられた獲物の小型ハエ。

(24章参照)の砂浜の一画で、かろうじて生き残っていたニッポンハナダカバチの小集団巣の一つを発掘しました。驚くべきことに、貯えられていた餌(獲物)はいずれも小型のハエばかりでした。巨大津波襲来後の砂浜には大型のハエが極端に少なくなり、母バチは通常は狩りの対象にならない小型ハエに切り替えるという離れ技をやってのけたのです。じつは、私が仙台砂丘のハチたちを調べ始めた当初の目的は、砂丘の住人であるニッポンハナダカバチとヤマトスナハキバチの詳しい生態(習性)を解き明かすことでした。今にしてくやまれるのは、大規模な砂浜侵食が起こらない限り、いくらなんでも仙台砂丘の砂浜からこれら二種の狩りバチが消滅するとは到底考えられず、いつでも調べられるものと、たかをくくっていたことです。

大規模攪乱がハチに与えた影響

三・一一に発生した巨大津波は、三〜八メートルの波高となって仙台砂丘の沿岸に襲来しました。高さ五メートルの防潮堤の陸側のすその部分は、波の力で深くえぐり取られ、幅約五メートルのまるで小さな運河が掘削されたようでした。反面、波打ち際から続く砂浜の損傷は軽微の印象を得ました。ところが、砂浜の後背地の幅約三〇〇～五〇〇メートルの海岸林（クロマツ）の大半は根元から、へし折られるか、根こそぎ押し倒されていました。

さて、このような自然の大規模攪乱《かくらん》がそこに生息するハチにどんな影響を与えたのかを知る手がかりとして、私が被災前に仙台砂丘の蒲生干潟砂丘及び深沼の砂浜で調べたデータと被災後三年間の南蒲生／砂浜海岸エコトーンモニタリングサイトでの種数の比較を示したのが図4です。ハチたちは、被災当年こそ総種数及び海浜生息種数は激減しましたが、二年目になるといずれもが急速に回復したのには驚きました。とくに興味深い点として、海浜生息種においては被災前に調べた一三～一八種に対し、被災後であっても一〇～一三種と種数には大きな変化はみられなかったことです。（図4）

つまり海岸林の消失によって開けたニッチ（3章参照）に、急速に海浜生息種のハチが一時的に海浜全域に

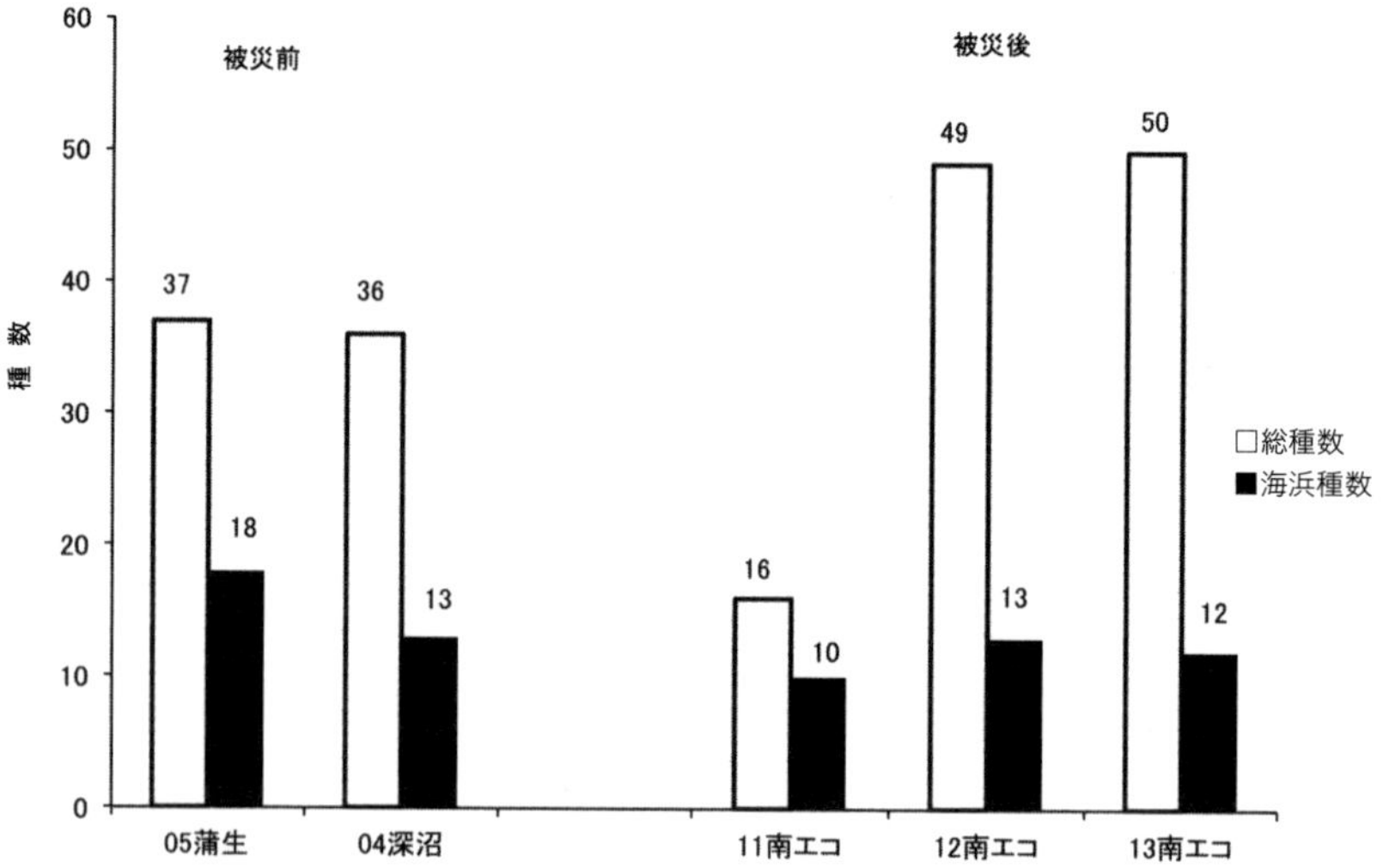

図4．仙台砂丘の調査数区域における東日本大震災の被災前と後でのハチの生息種数比較。調査区域の数字は調査年次を表す。蒲生；蒲生干潟の砂丘、深沼；仙台市深沼海水浴場隣接の砂浜、南エコ；南蒲生／砂浜海岸エコトーンモニタリングサイト。

拡散したものと考えています。ただし、この図には示しませんでしたが、それら海浜外生息種の個体数は被災後二年とも、一～数個体が採れたに過ぎませんでした。被災三年目以降は復旧工事が本格化したため、仙台砂丘での調査を断念せざるを得なくなり、その後のハチの生息状況はわかっていません。ただ、ここで少しだけ朗報を得ています。それは、南蒲生／砂浜海岸エコトーンモニタリングサイトで試みた被災五年の予備調査で、海浜性生息種を六種も記録できたことです。残念ながら、その中にはニッポンハナダカバチはありませんでした。海浜外生息種ではバラハキリバチ一種が記録されただけです。

ハチたちのメッセージ

最後に、自然の大規模攪乱にも動じなかった、砂浜に生息するハチたちに代わって、どうしても伝えたいことがあります。復旧のための仙台砂丘海岸での「ミニ万里の長城」のような巨大防潮堤工事と海岸防災林のための高さ三メートル、幅二〇〇メートルの規模の盛土により、大半のところは人工海岸化しました。そのため、防潮堤の海側に辛うじて残存する砂浜が、海浜に生息するハチの最後の砦です。わが国の海岸砂丘は、今後似たような自然の大規模攪乱に見舞われる可能性が高まっています。どうか、一つでも多くの残された砂丘海岸に生息するハチの生息の実態（インベントリー）を今のうちに調べてみてください。今後、そうした研究が若い人たちを中心にして行われることを祈って、仙台湾砂浜海岸のハチ相の実態を紹介した日本語の文献を巻末にあげておきます(1)、(3)。

17 津波による海崖植物の変化

鮎川 恵理

青森県南東部に位置し、太平洋に面する八戸市蕪島《かぶしま》はウミネコの全国有数の繁殖地として知られています。この蕪島は三陸海岸の北側の端にあたり、そこから南に延びる青森県から岩手県にかけての沿岸、つまり三陸海岸最北部には砂浜、岩礁などの自然海岸がいまだに広く残されています。三陸海岸の南部と北部では地形的に異なり、岩手県宮古市より北部の三陸海岸は隆起量が大きいため、海岸からすぐに崖や急斜面が切り立つところも多く、その内陸にはクロマツ、アカマツなどの植林を中心とした森林が広がっています。

海崖植生とは

「海崖植生《かいがい》」（口絵9）は、岩礁海岸から陸地に向かう森林との間に成立します。「塩沼地植生（塩湿地植生）」や「海浜植生」と呼ばれる植生とは種組成が異なっており、崖地の岩やその上にある薄い土壌の上に成り立っています。八戸市の種差《たねさし》海岸はこの三つの植生すべてが自然な状態で残っている貴重な地域です。このエリアでは、北限や南限の植物のほか、標高が数メートルにもかかわらず、高原や亜高山帯の草原でみられるニッコウキスゲ、ノハナショウブ、スカシユリ、エゾフウロなどの植物をみることができ、植物生態学的、植物地理学的におもしろい地域です。

三陸海岸最北部の海崖植生は海側から陸側に行くに

図1．a：タチドジョウツナギ、b：ハマボッス、c：ハマギク、d：ウンラン。

つれて、岩の隙間に点状に分布しているタチドジョウツナギ、ハマボッス（図1a、b）などからなる疎な群落から、植被率や種数が増加していきハマギク（図1c）、キリンソウなどの群落、そしてミヤマビャクシンなどの低木群落につながるというパターンが一般的です。この海崖植生は沿岸の岩場から斜面にかけて広がっていますので、防波堤や防潮堤がつくられると同時に、消滅してしまいます。日本では自然海岸が減少傾向にあるなか、この地域は、海崖植生が広く保存されている地域の一つです。

津波前後の海崖植生の変化

東北地方の海崖植生については、配列構造を明らかにした高山（一九八四）[1]以来、研究はほとんどなく、現状を把握するため、二〇一〇年の夏から調査を開始しました。調査地は青森県八戸市から岩手県久慈市にかけての五地点の崖地（青森県小舟渡平《こふなどたい》、種差、小舟渡《こみなと》漁港、岩手県陸中中野、北侍浜《きたさむらいはま》）とし、ベルトトランセクトという方法で調査を行いました。この方法ではその調査地を代表する場所に帯状区を、汀線《ていせん》から陸地に向かい垂直な方向に延ばします。帯状区の開始点は、最も汀線に近いタチドジョウツナギの分布点としました。長さは七から三〇メートル、幅は一メートルとし、さらにその中を一×一メートルの方形区に区切り、その中の植物種、被度（方形区内でその種が覆っている面積の割合）、岩、礫、土壌などの生育基物の割合を記録していきました。

調査地はその約半年後、大津波に見舞われました。北端の調査地の数キロメートル西の八戸漁港では津波痕跡高は五・四メートル、調査地の海岸線のほぼ中央の青森県階上町大蛇《おおじゃ》地区では八・四メートル、約三〇分間は海水に漬かったと推定されています。津波直後の四月初旬に観察を行いましたが、漁具のフロートやウニの殻が調査区よりも数メートルから十数メートルも高い位置にあったことは衝撃的でした。このときの観察により、すべての調査地が海水に漬かったことが確かめられ、二〇一一年の夏にも同じ方法で調査を行うことにしました。

多くの方は陸上植物が海水に漬かってしまえば、塩分の影響で多くの種が枯れると思うのではないでしょうか。ところが、一部の土壌流出か所以外、ほとんどの植物が生き残り、二〇一一年の夏には、ほぼいつも通りの緑に覆われました。津波により調査地の方形区から消滅した種もあった一方、津波前より多くの方形区で分布することになった種や、明らかに津波後に被度を増やした種もあったのです。

津波前の種数が二九種と最も多かった、八戸市の小舟渡平の変化を例にみてみます。この地点の帯状区の全長は三〇メートルで、一五メートル地点までは岩や礫ばかりです。この岩や礫だらけの場所は植物には厳しい環境です。晴れれば日光に照らされ、夏には岩は焼けたように熱くなるので、地表面はとても乾燥している上、常に細かな潮しぶきにさらされます。津波前年には海側最前線の一、二メートルにタチドジョウツナギ、五から九メートルの方形区にハマツメクサ、一〇メートル付近にはハマエノコロ、ハマギク、ノゲシなどが岩の隙間や礫の隙間に根を張って点状に生育していました。この岩や礫からなる基質上では、一〇メートル地点のハマエノ

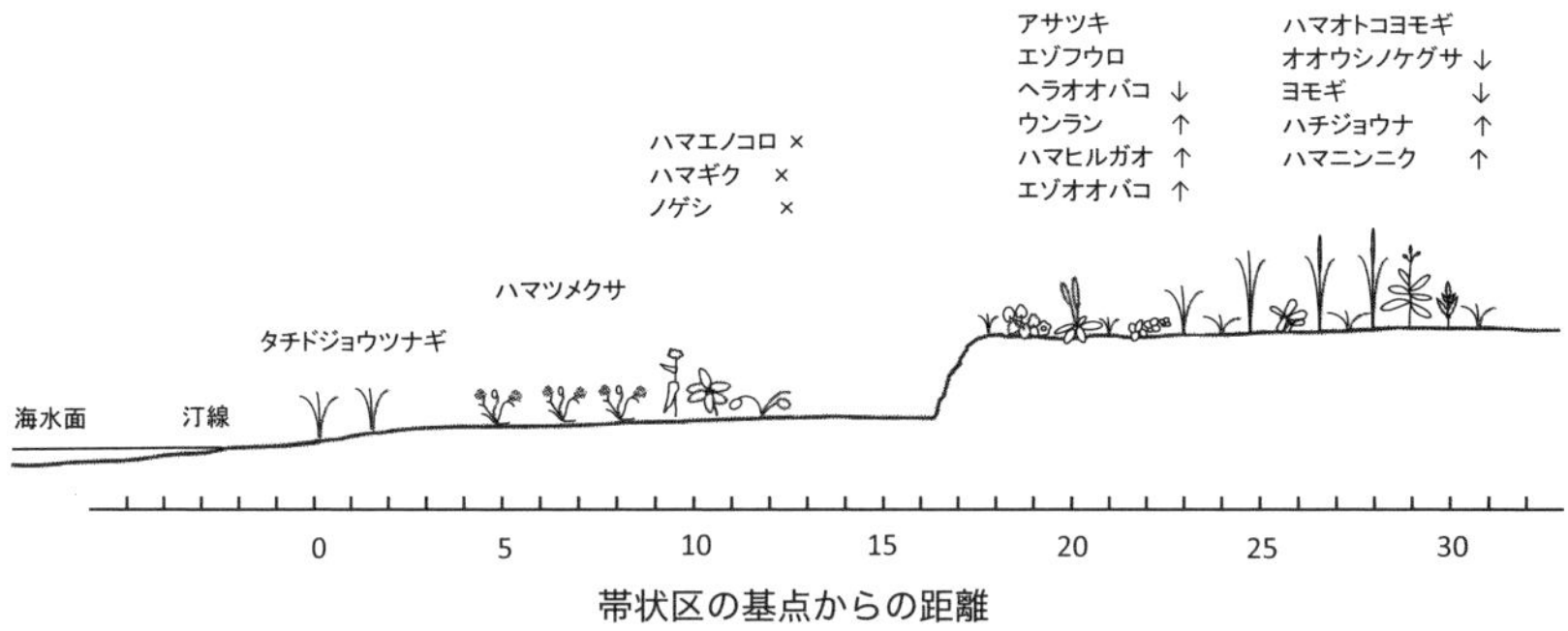

図２. 八戸市小舟渡平の津波前後の植生変化。種名のあとが無印のものは、津波前との変化がなかったことを示す。×：消滅、↑：被度が増加、↓被度が減少。

コロ、ハマギク、ノゲシは津波後の二〇一一年八月には消滅していました。一方で、それより前線にあったタチドジョウツナギとハマツメクサはすべて生き残りました（図２）。

この岩や礫ばかりの厳しい立地から、一段高い位置にある一六～三〇メートルのあたりには薄く土壌があり、植被率は八〇パーセント以上でした。シバが最も広く広がり、その上にはアサツキ、ハマヒルガオ、ヘラオオバコ、ウンラン（図１d）、エゾフウロ、オオウシノケグサ、ハマオトコヨモギ、ハチジョウナ、ヨモギなどが高さ四〇センチメートル程度の海岸断崖地草本植物群落と呼ばれる植生をつくっていました（図２）。この植生は津波当時、積雪や凍結からやっと開放された頃で、まだ植物は地上部に葉を出していなかったことが幸いしたのか、三〇分も海水に漬かっていたにもかかわらず、ほとんどの植物は生き残り、津波前によく似た群落を二〇一一年にもみることができました。

ただ、詳しく種ごとの被度の変化をみていくと、興味深い変化もみられました。この帯状区内の二つの方形区では、土壌ごと植生がなくなった場所があり、そのような場所にはハマヒルガオが旺盛に茎を伸ばし、津波によってできた裸地にどんどん侵入していました。同様の様子は種差でも観察されました。また、ハマニンニク、エゾオオバコは津波前にはこの帯状区内での生育はみられませんでしたが、津波後にはよく観察されています。ハマニンニクは北侍浜でも同様でした。ウンランは津波前から生育していましたが、被度が増えた上に中心の生育地は、より内陸側へおよそ四メートルも動いていました。分布が減った種の代表はヨモギです。ヨモギは帯状区の内陸側である二五〜三〇メートルの範囲に方形区によっては七〇パーセントという高い被度で広がっていましたが、津波後はその被度が減り、最大でも五〇パーセントまでとなりました。

また、陸中中野の調査地では、斜面にあった植生が土壌ごと消滅していました（図3）。ここではハマギクの根がむき出しになっている様子も多くみられましたが、その半数以上は残った根をより深く伸ばし、見事に緑の葉を茂らせていました。また、ここでもハマヒルガオは

図3. 陸中中野の調査地の変化。a：2010年、b：2011年。植生は土壌流出により剥ぎ取られ、巨岩の位置も変化している。

旺盛に裸地に侵入しており、ツルヨシも同様に裸地へ入ってきていました。

種によって異なる津波の影響

津波により分布が減った種と増えた種の差はどこにあるのでしょうか。礫の隙間に生育していたノゲシ、帯状区の内陸側に生育していたヘラオオバコやヨモギはいずれも畑や道端に多く生育する植物です。とくに、ノゲシとヘラオオバコは帰化植物でもあります。海岸の環境に対する特別な適応はしていなくても、競争力の強さで海岸にも生育していたこれらの種が、津波という自然攪《かく》乱《らん》を受けて減り、本来の海崖植生に戻ったと考えてもいいかもしれません。

津波後に被度が増えた、ハマヒルガオやツルヨシはどちらも匍匐《ほふく》性の植物です。この特徴を生かして、土壌流出でできた裸地にいち早く入り込み、帯状区内の被度を増やしていました。小舟渡漁港のハマナスも含め、ウンラン、ハマニンニクなど海岸の砂地を好む植物も被度を増やしていました。調査地周辺には大須賀《おおすか》海岸や白浜海岸などの砂浜がありますので、砂が運ばれたことにより、これらの種の生育適地が増えた可能性が考えられます。

帰化植物や海岸以外を生育地の中心としている植物は、津波により被度の減少や方形区からの消滅などの影響を受けていた一方、海岸植物には著しく減った植物はありませんでした。津波による海水の浸水の影響を受けにくかったのは、そもそも、これらの種は耐塩性のあるストレス耐性型植物だということも理由の一つでしょう。三陸海岸最北部でみられた海崖植生の変化は、津波という自然攪乱が海崖植生の種多様性の維持に重要であることを示しています。大津波という攪乱でも維持された、調査地の海崖植生の種多様性や植物地理学的に貴重な個体群を残していくには、今後も必要以上の防波堤や防潮堤はつくらず、自然海岸のまま存続させていくことが重要です。

18 津波後の海岸林に残された生物学的遺産

富田瑞樹

震災発生前の海岸林とその機能

海岸林には、背後の農耕地や住宅を潮風や飛砂から守る働き、津波の威力を減衰させる抵抗物としての効果、燃料となる落ち葉や枝、食料となるキノコなどを供給する役割、多様な生物に生育・生息地を提供する役割などの、様々な機能があります。これらを期待して、仙台平野沿岸部の海岸林にはアカマツやクロマツなどのマツが江戸時代から植えられてきました。人力に頼る植林であることや、植物が成長するには厳しい環境である沿岸部への植栽ということもあって、当時の海岸林の広がりかたは現代に比べると緩やかだったことでしょう。明治から昭和の前半にかけては、地域の産業振興のための植林や、昭和三陸地震（一九三三年）・チリ地震（一九六〇年）後の復旧のための植林などによって、海岸林の面積は少しずつ広がってきました。こうした植林は戦後しばらくまで続けられたため、東日本大震災が発生する前の海岸林には樹齢の異なる林が混在していました。たとえば、明治期にマツが植えられた貞山堀《ていざんぼり》の堤防上やその内陸側には、樹齢一〇〇年を超える大きなマツやそれよりも少し若いマツが生育していました。また、海岸林が管理されなくなったここ数十年に定着したコナラやサクラ、シロダモやウラジロガシなどの広葉樹もみられました。内陸側の海岸林の一部には湿地があることから、植

図 1．攪乱後の内陸側の海岸林。根返りしたマツと津波を経ても生存しているマツがみえる。右手前の人物の足元には根返りで生じた窪地がある。写真の奥に並んで写っているのは貞山堀の堤防上のマツ。測量ポールの長さは 2 メートル（2011 年 7 月）。

林前には後背湿地が広がっていたとも考えられています。一方、貞山堀よりも海側の海岸林は内陸側に比べると新しく、その大部分は昭和期に砂丘上に植えられた、樹齢三〇年ほどの若いクロマツからなる林でした。海側の海岸林は海岸線に近いこともあって、広葉樹はほとんど定着していませんでした。

　仙台市の海岸林の植物を震災発生前に調べたところ、仙台市でみられる植物種のおよそ四割が確認できたそうです[1]。理由の一つとして、後背湿地や砂丘などの生態系の一部を改変してつくられた海岸林には、湿地や砂丘、海岸林の背後の農耕地などに由来する様々な植物が生育していたことが考えられます。これらの植物を利用する昆虫や動物なども多様だったことでしょう。

震災発生後の海岸林

　震災発生前後の衛星画像の解析から、仙台市域では九割弱の海岸林が巨大な津波によって倒壊したと推定されています。生態学からみると大規模な攪乱《かくらん》といえる津波の影響を明らかにするために、私たちは、震災発生後の二〇一一年六月に海側と内陸側の海岸林を横断するように、海岸線に対して垂直な帯状の調査区を設置しました（図1）。調査区の面積は二万一六〇〇平方メートルです。調査区内の直径が五センチメートルを超える樹木すべてについて、種名・直径・高さ・生死・損傷の状況を記録しました。その結果、海側の海岸林では直径一〇センチメートルほどのクロマツが多数を占めていましたが、内陸側の海岸林では直径一〇～五〇センチメートルほどのアカマツ・クロマツと、直径一〇～二〇センチメートルほどのサクラの仲間やコナラなどの広葉樹が確認されました（図2）。なかには直径が七〇センチメートルを超えるマツもありました。まさに、先に紹介した海岸林の歴史を表すかのような樹木の構成でした。これらのうち津波を経て生存していたマツは、海側の海岸林ではわずか一・八パーセント、内陸側の海岸林では二四・四パーセントでした。

なぜ生存率がこれほど違うのでしょう？　原因を分析してみると、マツが小さいと津波の影響を受けやすいことがわかりました。特に、海側の海岸林は内陸側に比べると小さいマツで構成されています。一〇～一二メートルもの高さの津波が海側の海岸林に到達したことでマツの樹体全体が津波に冠水し、ほぼすべてのマツが押し倒されたと考えられます。一方、内陸側のマツは、小さいものが倒れたり根返りしたものの、直径がおよそ二〇センチメートルを超える大きなマツは倒れずに生き残ったものが多くみられました。これらの大きなマツは海側のマツに比べて樹高が高いうえに、内陸側の海岸林に津波が到達したときには波高が四～六メートル程度まで減少していたため、樹体全体が冠水するのを免れたのでしょう。津波の力を受けやすい樹冠よりも低い位置を津波が通過したために、大きなマツは倒れにくかったと考えられます。一方で、直径が二〇センチメートルを超えるマツでも根返りしたものもありました。これらは特に、内陸側の湿地に近い、標高が低く地下水位が相対的に高いところで発生したという報告があります。地下水位が高い場所に植えられたマツは根が垂直方向に伸長できず、根返りしやすくなると考えられています。こうしたマツの根返りを防ぐために、現在、沿岸部で進む海岸林の復

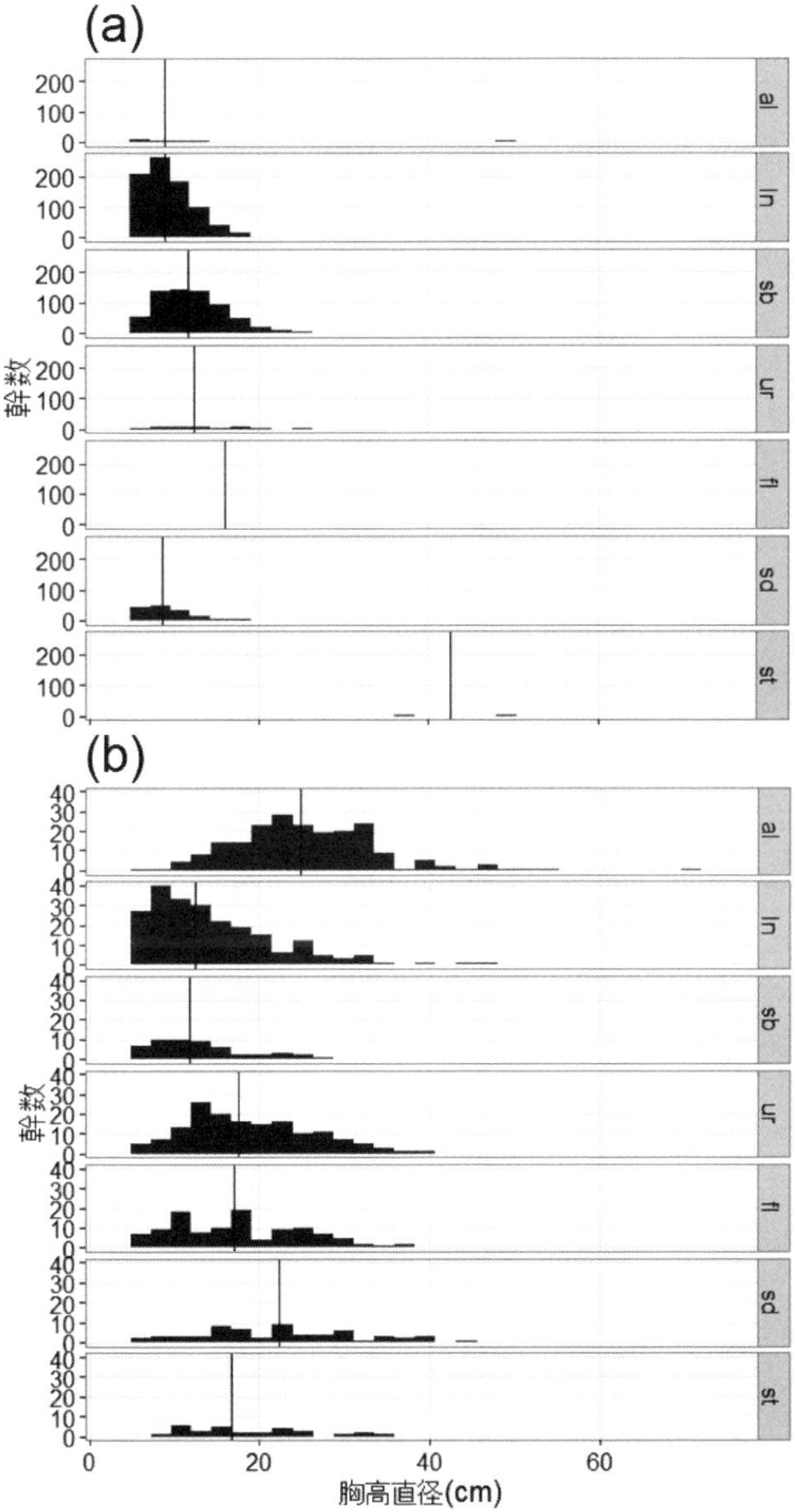

図 2．海側の帯状区 (a) と内陸側の帯状区 (b) におけるマツの胸高直径分布。al：生存していたマツ、ln：根を地中に張ったまま地上部が傾いていたマツ、sb：根を地中に張ったまま幹が曲がったり折れていたマツ、ur：根返りしていたマツ、fl：流木化していたマツ、sd：立ち枯れていたマツ、st：震災発生後に伐られていたマツ。図中の実線は中央値。

旧工事では高さ約三メートルもの盛土をしてマツが植えられているのです。

同じ調査区で樹高二メートル以下の小さい樹木も調べたところ、海側では七三・一本／一〇〇平方メートルのクロマツが、陸側ではマツと広葉樹を合わせて一〇八・九本／一〇〇平方メートルの樹木が生き残っていました。一般的に、海岸林のクロマツは一〇〇本／一〇〇平方メートルが植栽されます。それとほぼ同数の樹木が津波を経て生存していたのです。

生物学的遺産

近年、攪乱を経て生き残った樹木や残存した倒木・枯死木が、他の生物の生育・生息場所や餌などの資源として利用されることで、生物相や生態系が素早く再生することが報告されています。これらの攪乱を経て生き残った樹木や残存した倒木・枯死木は「生物学的遺産」と呼ばれています。海外では、生物学的遺産があることで生じる生物相・生態系の素早い再生を森林管理に応用し、伐採後の樹木をあえて施業地に残すなどの生物多様性に配慮した管理方法が実践されています。二〇一一年の津波という攪乱を経て生き残った樹木や残存した倒木は、これらを利用する生物にとっては重要な資源であるために、「生物多様性保全を重視した森林管理」にとっては必要な存在でもあるのです。震災発生後の現地の観察では、生き残ったマツの高木は猛禽類の営巣木として、枯損したマツはカミキリムシやゾウムシなどの餌資源として利用されていることが確認されています。

攪乱による樹木の根返りで生じた窪地（ピット）や盛り上がった地面（マウンド）などの地表面の凹凸、攪乱によって生じた森林跡地と攪乱から残った森林とがもたらす不連続な森林景観なども（図1・3、口絵11）、攪乱の作用によって生物がつくり出した「生物学的遺産」とされています。こうした凹凸や不連続性には、多様な生物に様々な生育・生息地を提供する役割がありま す。たとえば、ピットには水が溜まりやすいため湿生植物が、マウンドは周囲の地表面に比べると太陽光が当たりやすく高温になるため先駆的植物が定着するなどの違いがあります。仙台平野沿岸部の調査では、こうした地

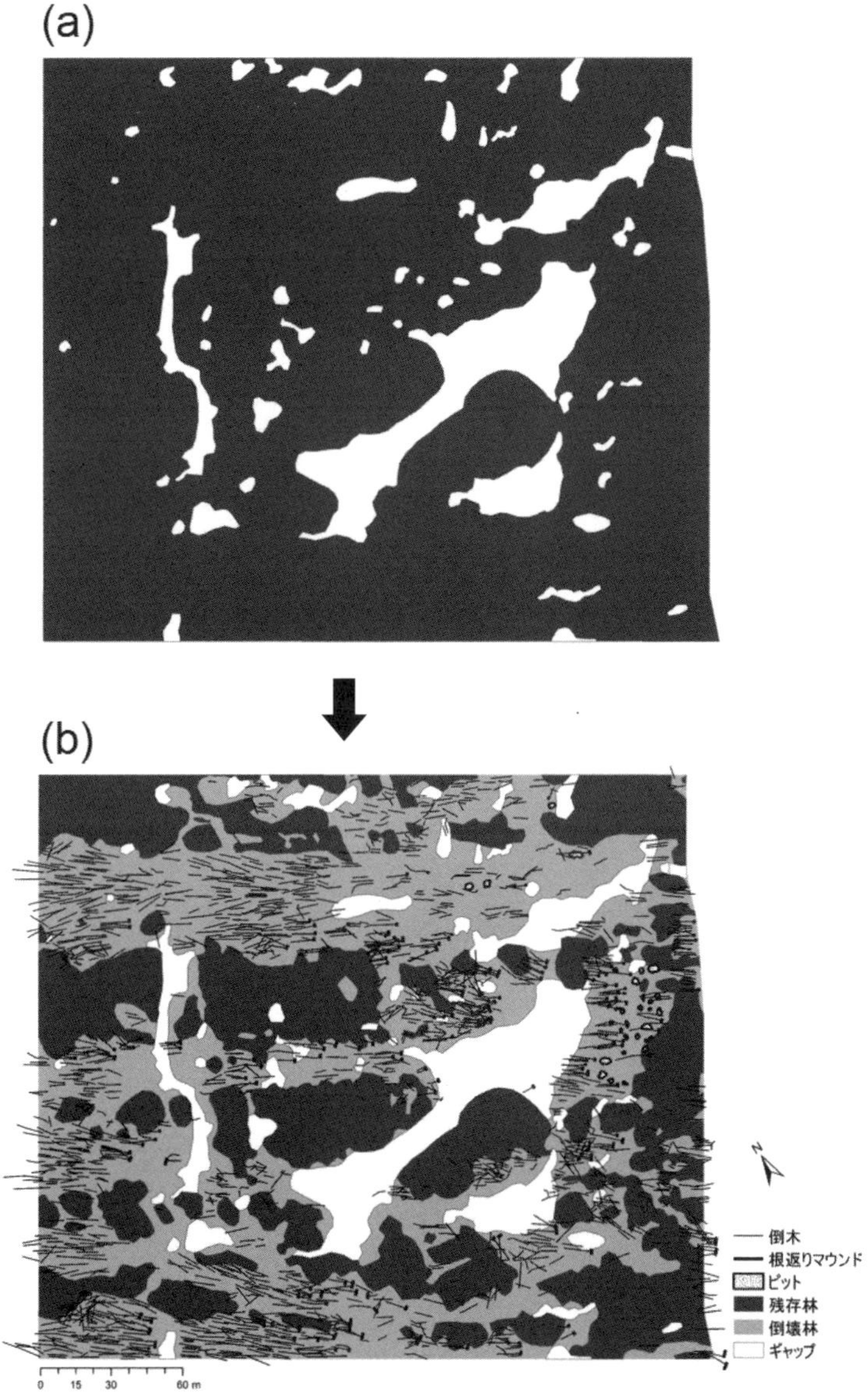

図3．震災発生前の海岸林（a)。黒色は閉鎖した林冠を、白抜きは湿地や倒木などで林冠が欠けている場所を表す。震災発生後の海岸林（b)。津波によって海岸林が倒壊した場所を灰色で表す。震災発生前後の空中写真をトレースして林冠や倒木などを描いた。図の右側が海側で、海岸線からの距離はおよそ400メートル。

表面の凹凸や森林の不連続性に応じて異なる植物が芽生え、再生することによって、攪乱後の海岸林に多様な植物が分布している状況が明らかにされました[2、3]。

海岸林の再生

ここで現在の仙台平野沿岸部の海岸林復旧造成地に再び目を向けてみましょう。現在の海岸林で進んでいる工事は、江戸時代から戦後しばらくまで続いた人力による作業とは大きく異なり、重機による大規模かつスピードの速いものです。定着しつつあった生物や、その生育・生息地、餌などの資源の多くは工事によって数年で失われました。他の章で詳細が述べられていますが、海岸林の復旧工事が本格化する前に生物多様性保全への配慮のための検討委員会が立ち上げられ、希少な動植物や生き残った生物に配慮する「生物多様性保全配慮ゾーン」が設けられました。震災発生後の多くの制約のなかで最大の配慮がなされたともいえますが、海岸林の復旧のために盛土される面積に比べると「生物多様性保全配慮ゾーン」の面積はかなり小さく、生物学的遺産の一つである倒木や枯死木のほとんどが取り除かれています。高さ約三メートルの盛土に目を向けると、その表面は重機で均され、凸凹や不連続性が失われています。生き残った樹木や、倒木・枯死木はもちろんありません。現在、そこにみられるのは植栽されたマツと、植栽後に侵入した外来種の草です。

冒頭で述べたように、海岸林には様々な役割（機能）があります。攪乱によって倒壊した海岸林を再生する際には、地域の人々も交えたうえで、それぞれの機能をどの程度重視するかについての十分な議論が必要に思えます。また、議論のためにも、生物多様性保全ゾーンの設置や高さ数メートルの盛土が海岸林の生物相・生態系の再生にどのように作用し、海岸林の様々な機能にどのように影響するかを継続して調査することが重要です。調査から得られた結果を検証し、さらに今後の海岸林の管理に反映するような、息の長い取り組みを続けられる仕組みが必要ではないでしょうか。

第4部

里の生き物

19

津波後の湿地によみがえった花

鈴木まほろ

東北地方の太平洋岸では、二〇一一年三月一一日の津波により、海岸近くから内陸に向かって大量の土砂が運ばれ、壊れた建物の残骸とともに堆積しました。ユネスコ・政府間海洋学委員会の国際津波調査団は、仙台平野に堆積した砂泥の分布を記録しています。この記録によれば、海岸から一キロメートル離れた地点の堆積物の厚さは一五～二〇センチメートルで主に砂からなり、二キロメートル地点では厚さ約一〇センチメートルで砂の上を泥が覆っており、三キロメートルより内陸では五センチメートル以下でほとんど泥のみで構成されていました[1]。

さらに、地震による地盤沈降と液状化、津波による侵食で地面に窪みができ、壊れた堤防や水路からあふれた川の水や雨水が溜まり、それまで乾いた陸地だった場所に多くの池や湿地ができました（図1）。また、津波以前からあった池や沼、水田などでも、底の土が激しく攪乱《かくらん》され、海水が溜まるなど、大きな変化がありました。

津波による被害の規模は国内史上最大であり、水田や排水設備などの復旧には長い時間がかかりました。そのため、復旧工事が始まるまでの数年間、池や湿地には様々な水草や湿地性の植物が生い茂りました。

津波後の湿地の植物

植物研究者や地元の植物愛好家は、二〇一一年の夏

図1．津波後にできた池（2012年7月　岩手県陸前高田市米崎町）。

頃から、津波浸水地域にどのような植物が生えているかを調べ始めました。主な調査は海岸で行われましたが、内陸部の池や、津波後に新たに生まれた湿地でも、多くの植物が記録されました。

こうした植物調査の報告や記録を集めてみたところ、二〇一一年から二〇一三年にかけて、津波浸水域の内陸部で湿地性・水生植物が記録された場所は、岩手県・宮城県・福島県の合計七九か所に上りました[2]。調査地点は海岸線から直線距離で一七〇〜五千メートルの範囲にありました。

調査を行った人々が驚いたのは、各地の池や湿地で、希少な種が数多く発見されたことです。その地域では何十年も前に絶滅したと考えられていた種や、過去には記録のなかった珍しい種もみつかりました。

津波以前には道路や宅地、整備された水田などがあり、水生植物が生育していなかったはずの場所に、津波の後で希少な水生植物が発見された例が二七か所ありました。逆に、津波の前には確認されていた希少種が、津波によって消失したことが記録された場所は七か所でした。

最も多くの場所で記録された種はミズアオイで、四〇地点で記録されました。ミズアオイは環境省レッドリストで準絶滅危惧種に位置づけられ、岩手県や福島県では生育地が非常に少なくなっていた種でしたが、津波の後に急増しました。津波の傷跡が残る荒れ地に大きな青い花が咲きほこる様子は、象徴的な風景として新聞などにも取り上げられ、注目を浴びました（口絵14、図2）。

次に多く記録された植物は、ツツイトモ（二一地点）とチャボイ（一五地点）で、ほとんどが津波前には生育が知られていなかった場所での新記録でした（口絵13）。続けて記録頻度の高い順に、ミクリ（図3）、スカシタゴボウ、リュウノヒゲモ、タコノアシ（図4）、アメリカセンダングサ、ミズオオバコ（図5）、イヌビエ、ヨシと続きました。このうちスカシタゴボウとアメリカセンダングサ、イヌビエ、ヨシの四種を除き、すべてが環境省のレッドリストに掲載されている種でした。こうした希少種の多くは、かつては平野部の水田の周囲においてごく普通にみられた雑草であり、一九六〇年代以降、湿地の開発と除草剤の使用によって激減した植物です。

図2. ミズアオイの花（2012年8月 岩手県山田町船越）。

津波後に出現したこれらの湿地性・水生植物は、津波をかぶった地域（津波浸水域）の外から風に乗って飛んできた種子が発芽したものではなく、浸水域の土壌に含まれていた種子が発芽したものと考えられます。なぜなら、風で散布されない重い種子をつける植物が大半であり、また浸水域の外側ではみることのできない種が多く含まれているからです。

図3．ミクリ（2012年8月　岩手県陸前高田市小友町）。

図4．タコノアシ（2013年8月　岩手県釜石市唐丹町）。

埋土種子

淡水の湖沼や湿地の底の土には、多様な植物の種子が発芽せずに休眠した状態で何年も保存されており、土壌の攪乱によって休眠が破られ発芽することが知られています（14章参照）。このように休眠状態で土壌に保存されている種子を埋土《まいど》種子といい、土壌中の埋土種子集団（シードバンク）を発芽させて植生回復に用いる実験なども、一九九〇年代から多く行われています。日本でも、内陸の放棄水田や淡水湖岸、淡水干拓地などの土壌から採取された種子を蒔くことにより、水生・湿地性の植物相の復元が試みられています。こうして埋土種子から復元された植物の中には、現在はその場所でみられない種が含まれていることが多く、中には五〇年以上前に消えた植物の種子が発芽した例もあります[3]。

日本の他の地方と同じように、東北地方でも一九六〇年代から八〇年代にかけて、海岸に近い低地の湿地が埋め立てられ、大規模な水田整備が行われました。したがって、津波後に湿地で発芽した種子は、おそらくその周辺

で三〇年から五〇年もの間、土の中で休眠していたものだろうと考えられます。津波によって土壌とともに埋土種子が広くばらまかれた後、場所によっては淡水が溜まり、発芽に適した条件が整ったのでしょう。また、池や水路などでは、がれきの撤去や行方不明者の捜索活動などのため、二〇一一年から二〇一二年にかけて底の泥が何度も掘り返され、表土が攪乱されたことで、埋土種子の発芽が促進されたと考えられます。

普通種よりも希少種の記録頻度が高かったのは、集めた文献の多くが希少種や未記録種の発見を知らせることを目的として書かれていたためで、決して希少種に比べて普通種が少なかったわけではありません。実際には、津波浸水地域全体で二〇一一年から二〇一三年の間に最も個体数が多かった水草は、おそらくガマ、ヒメガマ、ヨシなどであり、湿地性の種はイヌビエとその変種であろうと思われますが、調査記録は多くはありませんでした。

植物の生育形ごとにみると、湿生植物（湿地を好む植物）が一四〇種と最も多く、この中にはマルミノシバナ

図 5. ミズオオバコ（2012 年 8 月　岩手県陸前高田市小友町）。

など海岸の塩性湿地に特有の種が一五種含まれていました。また、ヨシなどの抽水植物（根が水面の下にあり葉や茎が水面の上に出る植物）が二三種、ミズオオバコなどの沈水植物（全体が水面下に沈んでいる植物）が一六種、スイレンのような浮葉植物（葉が水面の上に浮いている植物）とウキクサなどの浮遊植物（水面や水中を漂う植物）が八種記録されました。沈水植物の中には、リュウノヒゲモなど汽水域に特有の種が二種含まれていました。この他に、コウボウシバなどのように砂浜や海崖に特徴的な種が一八種記録されましたが、いずれも海岸から六五〇メートル〜四三〇〇メートル離れた場所でした。これら海岸特有の植物が内陸で記録されたのは、津波によって運ばれてきた海岸の砂に混じっていた種子や地下茎が芽を出したためと考えられます。一方、津波に襲われた砂浜では、植生のほとんどが一時的に消失しており、二〇一一年のうちに砂浜で再生した植物から、内陸へ向かって散布された種子は非常に少なかったと推測できます（14章参照）。

湿地の保全

このように、津波をかぶった地域では多くの湿地が生まれ、一時的に湿地の植物が復活する様子がみられました。しかし、二〇一三年頃からは再び急速に消えつつあります。津波浸水地域の大部分が嵩《かさ》上げ工事や農地回復事業等によって埋め立てられているからです。被災した住民の方々の生活再建が急がれるこれらの場所において、水生・湿地性植物を生育地ごと保全することは大変難しく、一部の希少な植物について移植や種子の保存による「域外保全」が行われていることがほとんどです。

二〇一一年の大津波は、低地の土壌の中に眠る巨大なシードバンクの存在を明るみに出した、といえるでしょう。しかし、それを被災地域における生物多様性の再生に活かすためには、技術の発展に加えて、生物多様性保全に関する社会的合意を形成する仕組みが必要である、ということもまた明らかになったのです。

20 津波震災で誕生した大槌町イトヨの新集団とその保全

森　誠一

津波は、地震国である日本の特徴的な自然現象といえます。それは純粋に自然の立場だけに立脚すれば、これまでにわれわれ人間が経験したこともない天変地異が繰り返され、生物はその変遷を通じて、あるものは絶滅し、またあるものは今日まで生き続けてきたことを意味します。こうした激烈で瞬時の撹乱《かくらん》が生物に与える影響を進化的時間の中で位置づける研究は、その地域の生物多様性がどのように形成されてきたかを知る上で極めて重要なテーマとなります。

地震や津波が日本特有の自然条件でありながら、それが野生生物のたとえば進化に与える影響の研究は、事後記載はあるものの、ほとんど蓄積されていません。その意味において、三陸海岸沿いにある岩手県大槌町《おおつちちょう》では、一九九〇年代からトゲウオ科魚類のイトヨの生態学・遺伝学的研究が行われ、津波前との比較研究が生息環境とともに実施できる格好の条件が揃っているといえます。

研究対象としてのイトヨ

イトヨは春の繁殖期になると、雄が一定範囲のナワバリをもちつつ、水草などの朽ちた繊維を利用して水底に巣をつくります。雌雄間で特徴ある一連の求愛行動を示し、これは行動連鎖の典型として動物行動学の基盤研究になったことで知られています。この体長一〇センチメートルに満たない小魚はノーベル賞学者（ニコ・ティンバーゲン、一九〇七〜一九八八年）の主要な研究対象でもあり学術的な価値が高く、動物行動学的意義のみならず、進化生物学などにおいて現在も最も寄与している魚類の一種といっていいでしょう。

イトヨには淡水域で生まれたあと海に降下し成長する遡《そ》河《か》型と、一生を淡水域で送る淡水型という生活史の二型があり、後者は前者から分化したものと考えられています。淡水型は個体群ごとに淡水化した年代が数十万年から数千年と多様で、様々な点で大きな集団変異があります(1)。また、北方系の種であるため、わが国のイトヨは北日本の平地に局所分布し、特に本州の淡水集団の生息には夏期水温が摂氏十数度の湧水域が必要条件となります。

現在、人間活動の影響による湧水地の埋め立てや湧水の枯渇により、多くのイトヨの地域集団が絶滅の危機にあります。本州産淡水型の生息地は数えるほどの水系に限られていましたが、近年、著しく減少の一途をたどり、その危機的状況は生息地における湧水の枯渇の程度と一致しています(1)。

イトヨ新規集団の発見

二〇一一年の津波で重篤な人的被害を受けた大槌町では、イトヨ淡水型が、海から三キロメートル程度以内の、さほど離れていない湧水河川に生息しています。また、春の繁殖期になると、海から遡河型イトヨ（ニホンイトヨ）が遡上します。そのため、両型が同所的に繁殖をする世界的にも希有な生息地となっています(2)。

今回の大津波によって、この水域に生息する淡水イトヨは、これまでとは質の異なった劇的な環境変動を経験していることでしょう（図1）。つまり、近代の多種の燃料や雑排水に満ちた市街地を破壊しながら押し寄せた津波は、これまでにない性質の人為由来のがれきと汚濁水による甚大な負荷を、特に生物多様性に富む純淡水である湧水域に与えているに違いありません。その上、今回の被災は産卵遡上してくるイトヨの繁殖初期の初春に発生し、同所的に繁殖する淡水型とともに、その後の回復がいっそう心配されるものでした。

しかしながらたとえば、イトヨが生息する湧水河川

図 1. イトヨ生息地源水川の被災状況（2011 年 3 月 28 日）（撮影：佐々木健）。

の源水川において、津波前には千個体のオーダーで生息していた淡水型イトヨは激減し、外傷を受けた個体も確認されたものの、生き残っていました。その要因としては、湧水が枯渇せずに生息地が清らかな水環境に速やかに回復したことが考えられます。高水温になる夏期の生息地環境が特に懸念されましたが、湧水が湧き続け、七月には春に繁殖誕生した稚魚群が確認されました。しかも、震災年の五月以降になると、多くのボランティアの方々が集まり、生息地の環境改善のために尽力されました。その結果、それまでの自衛隊の活動と相まって、七月には押し寄せたがれきやヘドロ堆積物の多くが撤去されました（図２）。すなわち、大槌のイトヨは、同地が豊かにもつ湧水という地域特性の頑強性と、善意にもとづく環境改善の人為的活動によって、驚くほどに早く復活しえたといえるわけです[2]。なお、このことは岩手県教育委員会発行（二〇一四年）の小学生低学年用の『いわての復興教育副読本　いきる　かかわる　そなえる』の最初に、見開きで掲載され発信されてもいます。

さらに驚くべきことに、震災翌年の二〇一二年に大槌町の市街地跡に新たに生じた湧水池群（図3）において、遡河型と淡水型との混在及び雑種であるイトヨ新規集団が発見されました（口絵12）。この淡水型は形態・遺伝解析により、上流に位置する源水川の淡水型イトヨが津波の引きによって下流域に連れて来られ定着した結果とわかりました。つまり、津波によって、イトヨの生息地の拡大が確認されたのです。このイトヨ新規集団は津波がもたらす新規生息地における生物の適応現象[3]を示す最適な事例であり、今後、起源・発生過程と遺伝的組成や生態・生活史が解析されれば、この分野の嚆矢《こうし》となるでしょう。すなわち、大槌町の生息地は、津波が生態系や生物多様性に、どのような機能・役割をもつかを検証する極めて意義が高い場となるわけです。

復興事業と保全対策の両立

ただ、ここで強く留意しておくべきことは、復興という名の巨大土木事業が過剰で拙速に行われれば、津波被災以上の負荷を水域生態系にもたらす場合があり得ることです。たとえば、盛土や埋立てによる湧水減少や防

図2．イトヨ生息地源水川の環境改善ボランティア活動（2011年7月）。

潮堤による海と陸水の分断化が懸念され、それぞれ生息地の悪化・消滅や回遊阻害をもたらす可能性があります。

これらへの対応は単にイトヨの生息にとっての問題だけではなく、むしろそれ以上に、湧水と海の天恵を享受してきた歴史をもつ大槌町の「まちづくり」の基軸に関わる重大事項です。[2] これまで、この配慮事項を入れ込んだ復興事業としての公園化事業（旧市街地の海側ほぼ半分）の計画は、予算の根拠もなくスケッチ程度でしかありませんでした。しかし、行政サイドでは盛土や水門・防潮堤の建設に一定の目処がついたようで、かつ私たちサイドからの要請が受領され、ようやく二〇一四年初夏から本検討が始まり、「大槌町郷土材活用検討協議」として三年間にわたって具体的な計画を審議できることになっています。生物や環境など自然物を扱う研究者としては、この場の設置によって復興事業の有様を注意深く見守り、根拠ある適切な提言を行っていく仕組みをとりあえず構築したと考えています。

二〇一五年三月には工事で埋め立てられる新規生息地の湧水池の代替え地として、岩手県沿岸土木部は新た

図 3. 大槌町中心市街地にできた新規湧水池群（写真中央の植生域内）（株いであ提供 2014 年 7 月）。

図4. イトヨなどのために造成された保全池（2015年3月）。

に造成池をつくり（図4）、イトヨの移動を実施しました。初夏にはイトヨ繁殖と稚魚を確認し、この移動の成功をみています。もちろん、すべての新規生息地のイトヨを含む生物が残るシナリオではありませんが、現在の復興事業の中で、このように具体的な保全対応が実践されています。自明ながら、これは単に地域の自然環境を保持するのみならず、大槌の環境特性を活用した根拠ある「復興まちづくり」に寄与することを目指すものとなっています。

21 福島県の沿岸域における両生類への影響

伊原 禎雄

この震災で襲来した津波は、福島県沿岸部では内陸側に深いところで五～六キロメートル程度まで入り込み、そうした地域の水田はすべてが海水の影響を長期間受けました。また、福島第一原発事故で発生した放射能汚染によって原発周辺域の住民は避難せざるを得なくなりました。避難地域の面積は、東京都二三区の二倍に及ぶ広大なものです。現在、その一部では避難解除が準備されていますが、大部分については解除の目途が立たない状況です。避難の長期化にともなって耕作を休止した水田では乾燥化が進み、湿性地を好む生物種の姿はみることができなくなりました（図1）。そして、現在は放射能除染を目的として、避難地域やその周囲の広大な範囲で汚染された表土を剥がす作業が進められています（図2）。

今回の震災によってカエルやイモリが受けた影響は津波の被災地と原発災害による避難地域とでは異なっており（図3）、また時間の経過にともなって、変化がみられます。そうした影響について解説したいと思います。

津波の影響

カエルやイモリへの津波による影響をみるために、被災不明者の捜査がいったん収まるのを待って発災から一年後の二〇一二年四月から相馬市から楢葉町までの津波被害地で調査を開始しました。この調査の結果、津波が押し寄せた場所の多くでは、なかなかこれらの両生類

図 1．稲作が中止されてから 1 年後の水田域。セイタカアワダチソウの草原となっており湿地性の植物はみられない（2012 年 8 月　福島県浪江町－双葉町付近）。

をみつけることができませんでした。津波が押し寄せた時期、この地域の両生類は土壌中や池等の水域の底で冬眠中でした。津波は地表面をただ流れ進むだけではなく、表土やそこに生息する生物を激しく巻き込みながら内陸に入り込んできました。その結果、両生類のみならず爬虫類などの陸生の小型脊椎動物は壊滅的な被害を受けました。また、押し寄せた津波によって、場所によっては広大な海水の水溜りが長期間形成されました。両生類は体液の浸透圧の高さを利用して、皮膚を通して周辺の水分を吸収します。そのために海水などの体液より浸透圧の高い環境にさらされてしまうと、水分を吸収できないどころか、逆に体の水分を失うことになってしまいます。両生類は塩分が高い環境では長くは生きられません。津波の衝撃に耐えた個体も海水にさらされることで命を失ったと思われます。また、土壌中で冬眠していたことで海水にさらされなかった個体もいたはずですが、津波によって運ばれた泥が地表面を覆ってしまい、その後、乾燥にともなってコンクリートのように固まってしまったことから、そうした個体の多くは地表に抜け出せなく

図2．除染の面積は広大である。表土を入れた袋が時間とともに積みあがっていく（2014年5月　福島県大熊町）。

なってしまったとみられます。

しかしながら、調査を進めていくと津波被災地でもわずかですが湧水によって淡水の湿地が形成された場所があり、そうした場所では、ニホンアカガエル、トウキョウダルマガエル、ニホンアマガエルを確認しました。観察された個体には、津波襲来時に成体であった個体と思われるものや、この年に生まれた個体が含まれていました。豊富な湧水が津波被災後に時間をあまりかけずに塩を洗い流してくれたことと、土壌の乾燥を防いでくれたことで生き残れたようです。

二〇一四年には海水の水溜りの多くは干上がり、また地表がコンクリートの様に固まっていた場所でも植物がみられるようになりましたが、そうした場所では未だに土壌が乾燥しているため両生類をみることはできません。

放射能の直接的影響

両生類の放射能の影響を調べるために、福島第一原発事故発生から二か月も経たない二〇一一年四月二七日

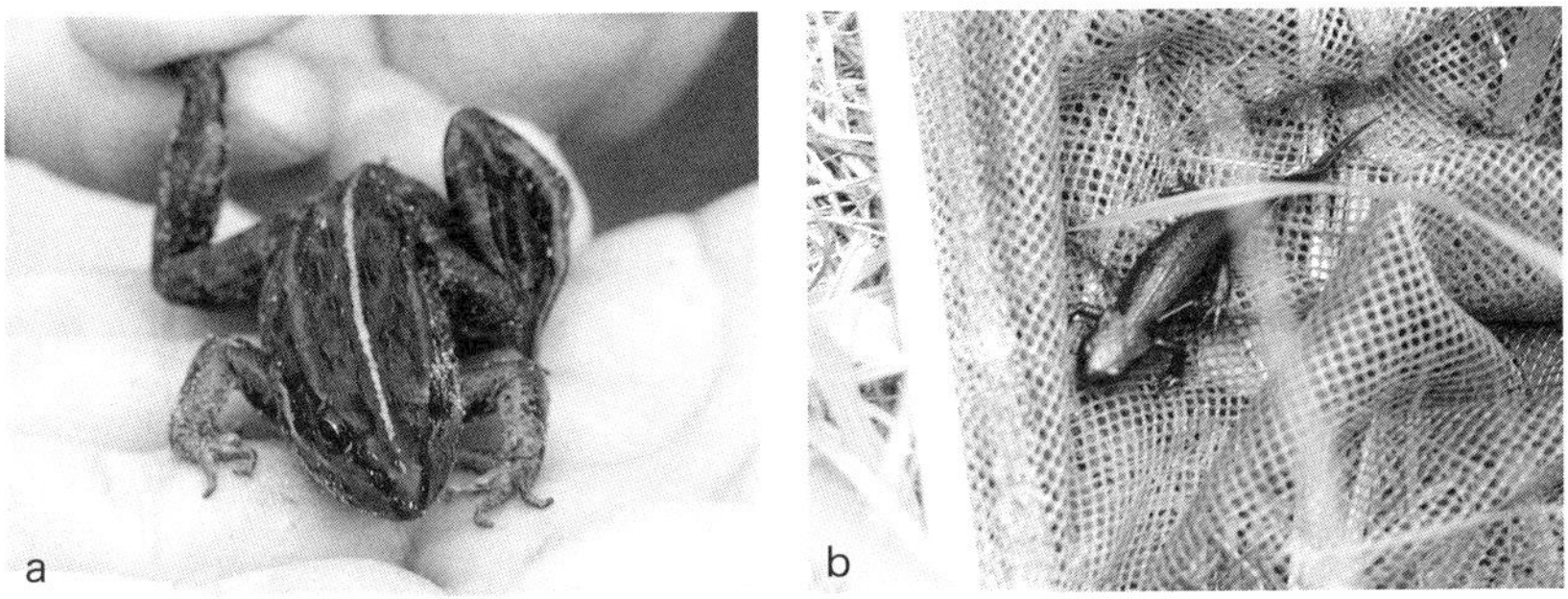

図３．a：津波を生き残ったトウキョウダルマガエル、左目を失っている（2012 年７月　南相馬市小高区の海岸から近い津波被災地）。b：高濃度の放射性物質を含む水路の泥の中に潜んでいたアカハライモリ（2013 年９月　福島第一原発のある大熊町）。

に、放射能汚染が深刻な避難地域とその周辺に数名の研究者と合同で立ち入りました。当時は被災不明者の捜索、原発事故への対応等のために、道路は沿岸地域に行き来する自衛隊や警察の車両がひっきりなしに行き来していました。そこで、その邪魔をしないために、この年の調査は飯館村や浪江町の山側のみで実施しました。調査時期はちょうどニホンアカガエル、ヤマアカガエル、アズマヒキガエル、トウホクサンショウウオ等の繁殖時期でした。調査地の中でも浪江町の放射能汚染は極めて厳しい状況だったのですが、道路脇の水の溜まった側溝、池、湿地化した休耕田等でこれらの両生類の卵や繁殖中の個体を観察することができ、無事に繁殖が行われていることを確認しました。また、翌年の春からは福島第一原発に極めて近い浪江町、双葉町、大熊町等の高濃度の放射能汚染に見舞われた地域の調査を開始しました。これらの地域でもニホンアマガエル、ヤマアカガエル、トウキョウダルマガエル、ニホンアマガエル等のカエル類やアカハライモリを確認しました。チェルノブイリでの原発事故では、放射線被曝によってカエルの産卵数が減少したことが報告されていますが、現在のところそうした事態を検出するには至っていません。

放射能の間接的な影響

放射能の直接的な影響は大きくはないと思われる状況なのですが、間接的な影響については深刻です。現在の水田は水の管理がしやすいように整備されており、人が意図的に水を引き込まないと水をたたえることはありません。そのため住民の避難によって水田は乾燥してしまい、カエル類やイモリがみられるのは、ごく一部の湧水が滲むような水田や水路だけになってしまいました。特にカエル類の中でも相対的に広い水域を生息環境として好むトウキョウダルマガエルがみられる環境は、その中でも少なく限られています。

また現在、避難地域を含む福島県の沿岸域全体に渡って健康被害を防ぐために放射能汚染の除染作業が大規模に行われています。除染の方法としては主に深さ一〇～二〇センチメートル程度の表土を剥ぎ取るのですが、汚染された表土をすべて剥ぎ取る必要があります。しかたがないことですが、わずかに残った両生類が残存する湿地についても除染のために潰さざるを得ない状況です。

両生類の再定着への課題

では、カエルやイモリを呼び戻すにはどうすればよいのでしょうか。原発事故による避難をせずにすんだ相馬市では、津波被災農地の復旧作業が避難地域よりも早く開始されました。震災の翌年には一部の水田耕作が再開され、ニホンアマガエルやニホンアカガエルの姿が再開された水田で再びみられるようになりました。水田の再開のために水路を復旧したことで津波被災地域と周辺の津波を免れた地域が水路によって結ばれ、そうした水路を介してこれらのカエルは移動して来たようです。カエルやイモリを呼び戻すには水田耕作の再開が必要です。しかしながら、避難の長期化によって避難者の中には帰還を諦める人も多くなっています。一部の水田では耕作が再開されるでしょうが、避難の長期化や避難地域の広さを考えると、従来と同様の広範囲の環境的連続性をもつ水田環境を取り戻すことは難しいと予想されます。両生類の再定着は、水田耕作の再開とともに、この移動の通路となる環境的連続性を確保する必要があります。
　また、両生類の再定着についてさらに危惧される事態が生じています。それは避難地域とその周辺での外来種のアライグマの急増です。アライグマは両生類をよく捕食することが知られており、また天敵となる動物は国内には生息していません。避難によって追い払いや捕獲等の人からの圧力がなくなり、さらに家屋には食料が残されたままであったことから急増したと考えられます。アライグマは住居や倉庫を巣として利用するため屋内を糞尿で汚したり、感染症をもち込んだりする恐れがあり、帰還する住民の健康被害を防ぐためにはアライグマの管理が必要とされます。福島県はアライグマの管理計画を打ち出していますが、放射線被曝リスクがある避難地域での捕獲や見回りを誰が実施するのか等、管理の実施には未だ不確定な部分が多く残されています。そのため、避難地域内やその周辺地域でのアライグマの管理については手つかずの状況です。このまま増加が続けば、避難地域とともにその周辺でも両生類に深刻な影響を与えると予想されます。

避難地域では現在も荒涼とした風景が広がります。以前のようにカエルたちの鳴き声が響きわたる環境に戻るには相当な時間が必要とされています。

22

原発事故で飛散した放射性セシウムによるイノシシ肉の汚染
――栃木県八溝地域の事例から

小寺祐二

二〇一一年三月に発生した東京電力福島第一原子力発電所の事故によって、放射性物質（厳密には「放射性核種」）による汚染という、イノシシの管理を進めるうえでの新たな問題が起こりました。一九八六年四月二六日に発生したチェルノブイリ原子力発電所事故後の研究では、特にイノシシは長期間にわたって放射性セシウム（主にセシウム137という核種。物理的半減期は約三〇年）に、高濃度に汚染されやすい動物であることが明らかになっています。たとえば、二〇〇一〜二〇〇三年のドイツ南西部での研究では、イノシシの筋肉中のセシウム137による放射能濃度が冬期には低下するものの、夏期には六〇〇ベクレル／キログラムという食品としては高い値を上回ることが確認されています。[1] また、この研究は、セシウム137を高濃度に集積するツチダンゴという地中にはえるキノコを食べることが、イノシシ肉の汚染の主原因であることも明らかにしています。

これとは別にオーストリアでは、汚染の指標値が、ノロジカでは七・二〜八・六年の生態学的半減期（動物の生活環境の影響をまとめて評価した半減期）を示したのに対して、イノシシでは半減せず、事故後二六〜二七年で二倍になったと指摘している研究もあります。つまり、この地域のイノシシの筋肉の放射能濃度は今後も高い値を維持すると予想されます。植物やキノコへのセシウム137の集積は、「土壌の汚染レベル」や「土壌の基質」

「湿度」「事故後の経過時間」「土壌のイオン蓄積」「微生物の生物量」などによる影響を受けます。現段階では、日本に生息するイノシシの食べ物で、高濃度にセシウム137を集積するものが存在するのかはわかっていません。そのため、ヨーロッパで発生している状況が、日本でもみられるかはわかりません。しかし、チェルノブイリ事故後の研究例をみれば、放射性セシウムによる汚染状況を継続して調査することが、日本のイノシシの管理にとって欠かせないことは間違いありません。

そこで宇都宮大学では、原発事故直後から、放射性セシウムによるイノシシの汚染状況の調査を開始しました。この調査は、東京電力福島第一原子力発電所から南西に約一〇〇キロメートル離れた栃木県の八溝《やみぞ》地域（図1）で捕獲され、那珂川《なかがわ》町イノシシ肉加工施設に持ち込まれたイノシシを対象としたものでした。加工施設では、食肉としてイノシシを出荷するため、放射性セシウムによる汚染状況について全頭検査が行われていますが、それと並行して加工施設に搬入された個体から食べられる部位の代替として下あごを閉じる働きをする「咬《こう》筋」を採取して、筋肉中のセシウム137による放射能濃度を調査しました。この地域では原発事故以前からイノシシの調査を実施しており、二〇一〇年一二月から二〇一一年二月に捕殺されたイノシシ一八個体の咬筋を凍結保存していたため、これらの放射能濃度も計測し、事故前の基準値としました。また、放射性セシウムの入出状況を推察するために、胃と直腸の内容物を採取して、放射性セシウムによる放射能濃度を測定しました。試料採取については咬筋が二〇一一年三月二七日から、胃内容物は同年九月八日から、直腸内容物は同年一一月から

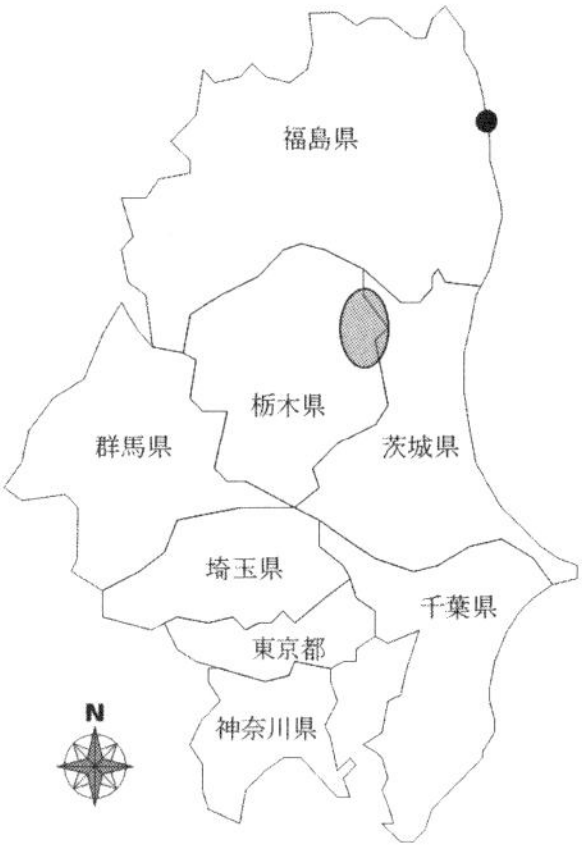

図1．放射性セシウムによるイノシシの汚染状況を調査した地域。汚染状況調査は、栃木県の八溝地域（灰塗りの楕円）で実施した。●は、福島第一原子力発電所の位置。

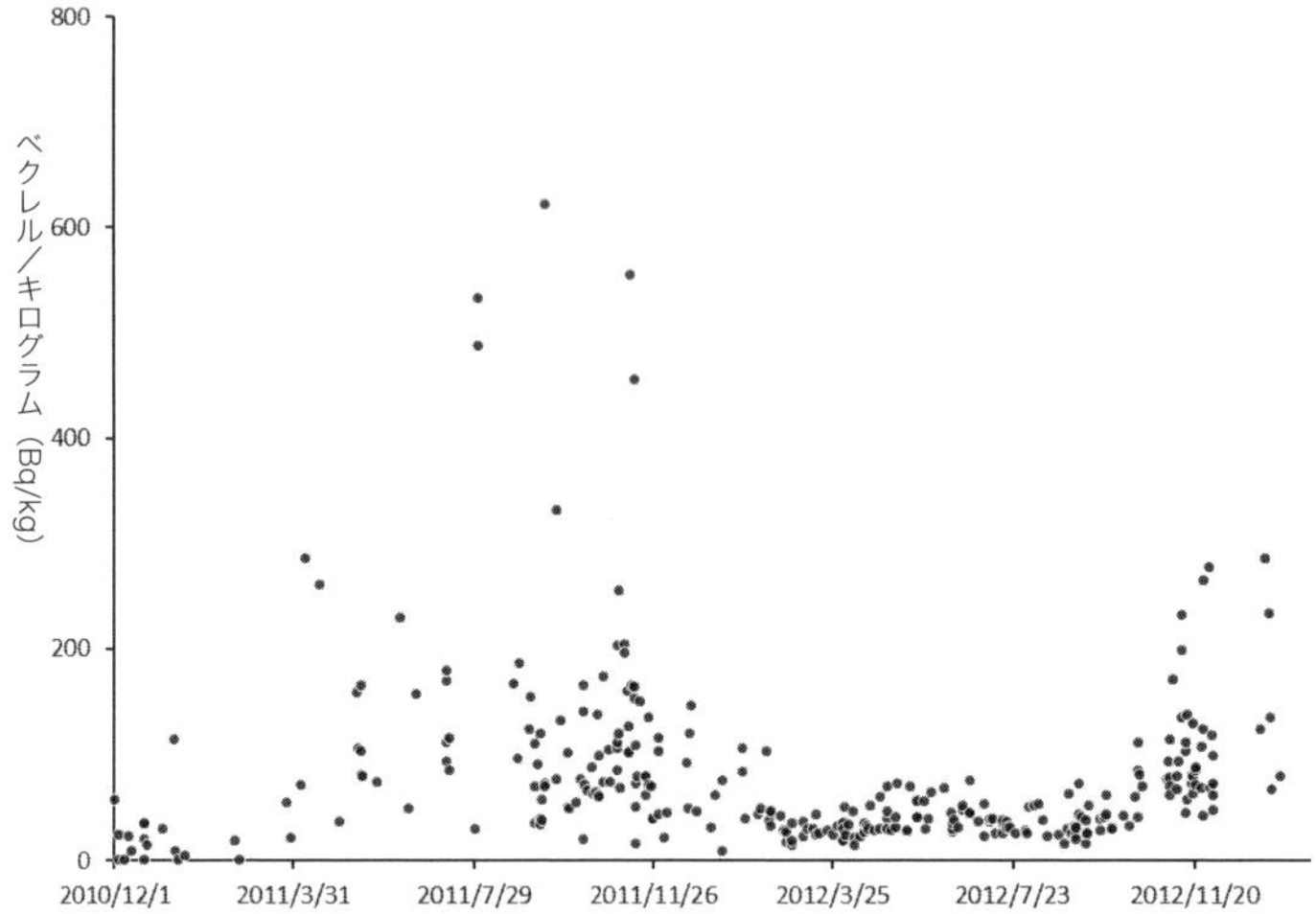

図2．栃木県八溝地域に生息するイノシシの咬筋中の放射性セシウムによる放射能濃度の事故前からの経時的変化。

開始し、二〇一三年一月一七日まで行いました。その結果、咬筋二八八個体分、胃内容物二二八個体分、直腸内容物一四一個体分を収集することができました。

　イノシシの咬筋中のセシウム１３７による放射能濃度の変化について日を追ってみると、二〇一一年八月から一一月中旬までの期間には、食品の暫定規制値だった五〇〇ベクレル／キログラムを超える個体も確認されましたが、その後の濃度は低い値を維持し、多くの個体が一般食品の新基準値である一〇〇ベクレル／キログラムを下回りました（図2）。しかし、二〇一二年一〇月中旬以降は、咬筋中のセシウム１３７による放射能濃度が上昇する兆しがみられました。この変化を科学的に捉えるため、放射性物質の大量放出が始まったとされる二〇一一年三月一四日を基準日として、得られた測定結果を事故前と事故後の三か月ごとに区分した上での分析も行いました。その結果、咬筋中のセシウム１３７による放射能濃度の事故前の平均値は二〇・八ベクレル／キログラムを示し、事故直後から事故後九か月までと事故後二一〜二四か月の期間については、放射能濃度の平

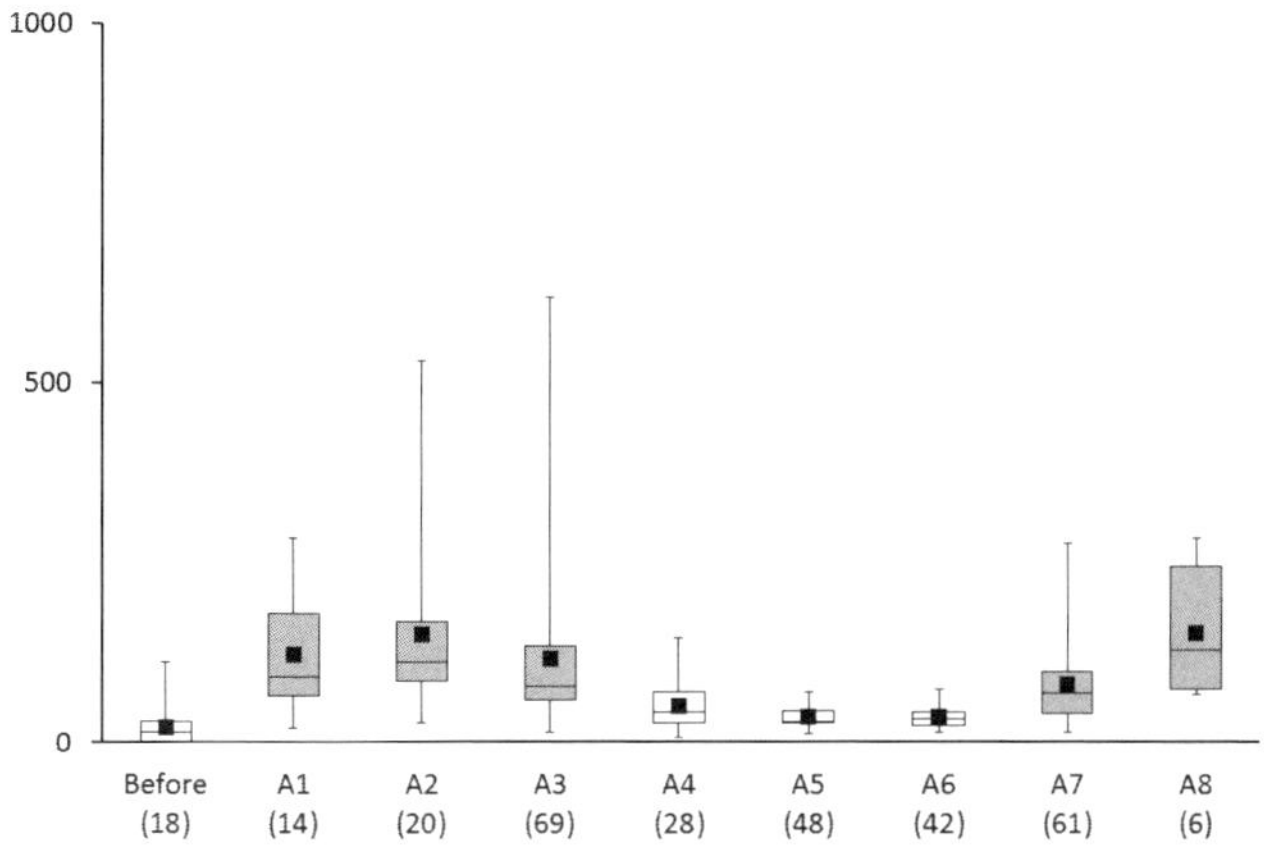

図３．栃木県八溝地域に生息するイノシシ個体群における咬筋中の放射性セシウムによる放射能濃度の３か月ごとの変化と事故前との比較。縦軸の値はベクレル／キログラム。横軸には、事故前と事故後３か月ごとの群を時系列通りに並べた（本文参照）。■は平均値、ヒゲの両端は最大最小値、箱の上下端は四分位値、箱内の線は中央値を示す。灰塗りの箱は、放射性セシウム濃度が事故前よりも有意に高かった群。括弧内の数値はサンプル数。

均値が事故前よりも高くなり、季節的な変動が始まった可能性が明らかになりました（図３）。一方、胃内容物中のセシウム１３７による放射能濃度については、咬筋と同様に変化する傾向がみられました(図４)。しかし、その値は全体的に咬筋よりも低いものでした。直腸内容物については、明確な変化が確認できず、咬筋や胃内容物よりも高い放射能濃度を示しました（図５)。

チェルノブイリ事故後のヨーロッパにおける研究では、放射性セシウムが速やかに食物から体内へ吸収され筋肉へ蓄えられるのに対し、若干緩やかに体内から排出されることで、イノシシの筋肉中の放射能濃度の季節的変動が生じると考えられています。しかし、われわれの調査結果をみると、食物中のセシウム１３７がイノシシの体内に吸収される効率は、季節によって変動していて、食物中のセシウム１３７が単純に排出されている時期があるとも考えられます。これまでのところ汚染源となる食べ物は特定できていないため、この様な現象がなぜ生じるのかわかりませんが、イノシシの食べ物の消化吸収率の差が影響しているのかもしれません。また、

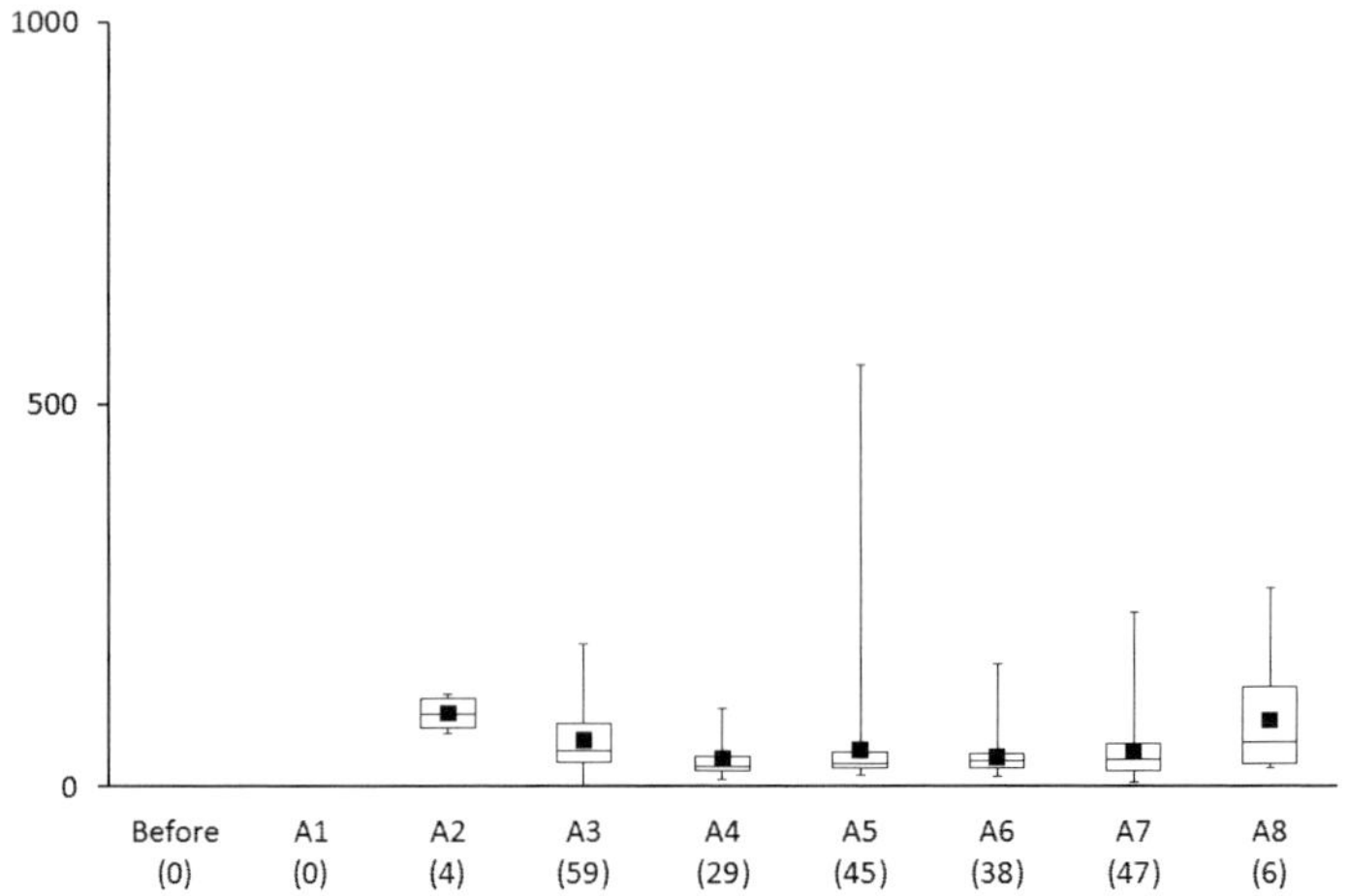

図４．栃木県八溝地域に生息するイノシシ個体群における胃内容物中の放射性セシウムによる放射能濃度の３か月ごとの変化。縦軸の値はベクレル／キログラム。横軸は事故後の経過月（本文参照）。■は平均値、ヒゲの両端は最大最小値、箱の上下端は四分位値、箱内の線は中央値を示す。括弧内の数値はサンプル数。

胃内容物よりも直腸内容物中の方が放射性セシウムの濃度が高いという今回の結果から、イノシシが放射性セシウムを濃縮する装置として機能している可能性がでてきました。排出された糞は、糞虫や菌類等によって利用されるので、濃縮された放射性セシウムが生態系内で常に移動していると考えられます。複雑な経緯を経てイノシシの食べ物が再び高濃度に汚染されれば、将来、放射性セシウムによる汚染が長期化する可能性もあります。このような汚染が、イノシシ自体にどのような影響を及ぼすかはわかりませんが、食肉利用の観点からも生態系保全の観点からも、放射性セシウムによる汚染状況の長期的な調査は当然として、イノシシが放射性セシウムに汚染される仕組みを明らかにすることも重要な課題です。

また、放射性物質による野生動物の汚染は、狩猟者など野生動物管理に関わる人々の行動にも変化をもたらす可能性があります。たとえば、狩猟など捕獲作業に対する意欲の低下によってイノシシの捕獲頭数が減少することも考えられます。これにより、イノシシの分布域拡大の勢いが増せば、農作物被害対策などの対応が難しく

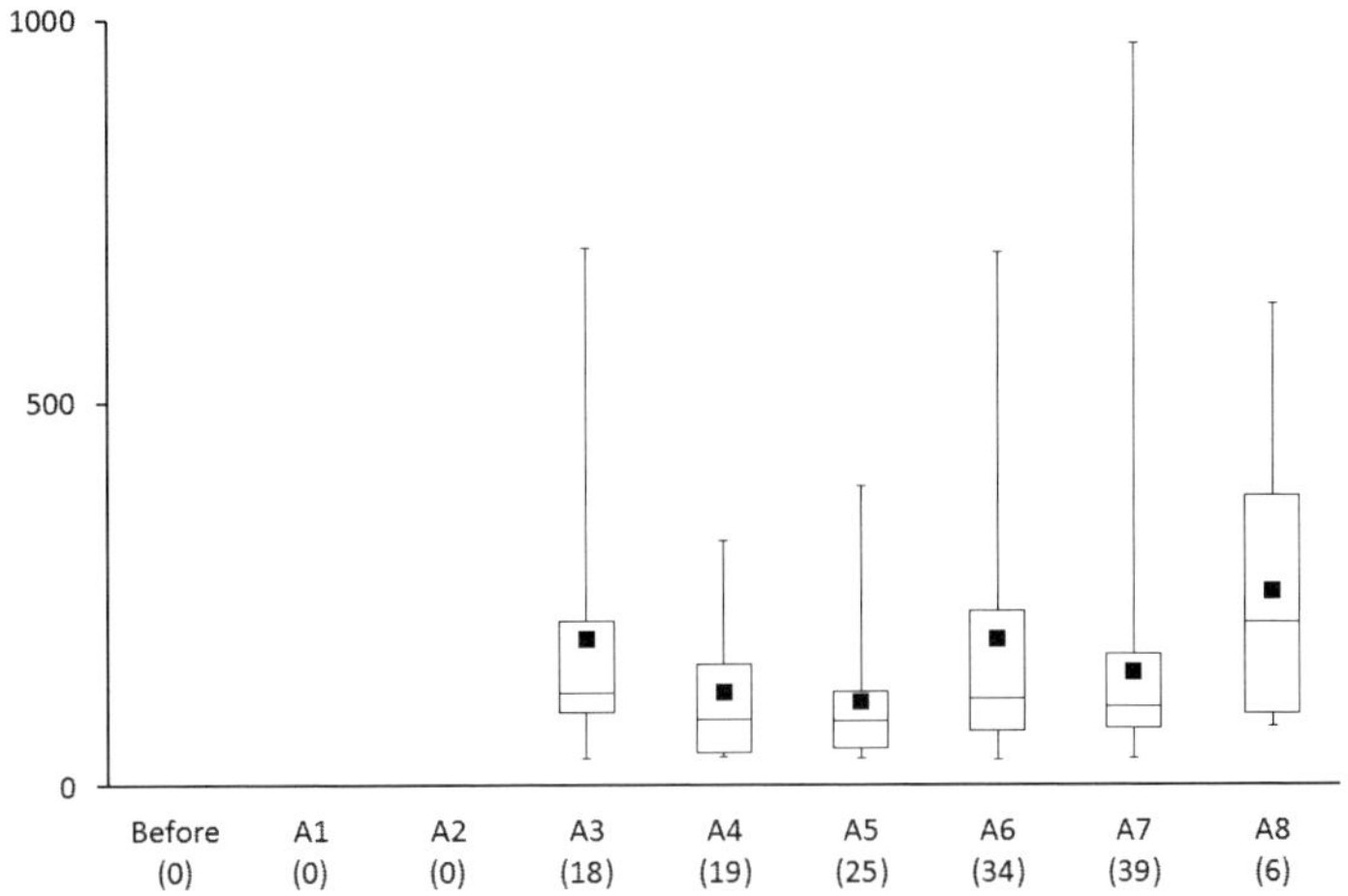

図５．栃木県八溝地域に生息するイノシシ個体群における直腸内容物中の放射性セシウムによる放射能濃度の３か月ごとの変化。縦軸の値はベクレル／キログラム。横軸は事故後の経過月（本文参照）。■は平均値、ヒゲの両端は最大最小値、箱の上下端は四分位値、箱内の線は中央値を示す。括弧内の数値はサンプル数。

なる場合も生じるかもしれません。このような、人々の行動変化が野生動物に及ぼす影響の把握についても長期間の継続的な調査を行うことが、今後は必要です。

コラム　植樹による遺伝子汚染と遺伝的多様性の低下❶

近年、林業の再生や自然保護を目的に様々な樹種の植林が各地で行われるようになりました。しかし、せっかく植林しても、うまく木が育たない場合があります。たとえばブナでは、太平洋側の個体を日本海側に植えると雪による幹折れが生じ、反対に日本海側の個体を太平洋側に植えると先枯れが起きることが知られています。これは太平洋側のブナと日本海側のブナでは遺伝的に異なり、そのため、両者の間で葉を開く時期と雪が積もったときの幹の破断の仕方が異なるからではないかと考えられています。[1]

ブナに限らず、一般に同じ樹種でも地域によって生態や成長の仕方が異なるのは、生育地による遺伝子組成の違いによる部分があります。そのため同じ樹種でも異なる地域由来の個体を植林に使用することは、取り返しのつかない重大な結果をもたらすリスクをはらんでいます。なぜなら、別の地域由来の樹木を植林に用いると、花粉や種子が流入することで天然林の遺伝子組成が変化してしまう可能性があるからです。このように、長期間の自然選択を経て生み出された地域固有の適応的な遺伝子組成が、人為的な行為によってかき乱されることを、遺伝子攪乱《かくらん》（あるいは遺伝子汚染）といいます。

（p.171に続く）

第5部

復旧・復興事業と生態系

23 津波被災地で行われている復旧・復興事業と保全

黒沢 高秀

東日本大震災の津波と地盤沈下により、人の暮らしばかりでなく、自然にも大きな被害が生じました。一方で、低地で津波の浸水被害に遭った農耕地や海岸林だった場所には、水たまりや干潟ができ、絶滅危惧植物が突如出現しました（4・11・19・20章など参照）。

人の暮らしを取り戻すために、被害を受けた海岸地域では、復旧・復興事業が行われています。あくまで人の生活を守る事業ですので、その地域の文化や自然に配慮しながら行うべきものと思います。また、税金で行う事業なので、何をどこまで守るかを明確にしながら、地形や背後の土地利用に合わせて、コストを抑えて効率よく行うべきです。しかし、他章でも紹介されているように、平野の海岸全域に一律の高さや形の構造物が延々とつくられています。[1] ぜひGoogle Earthで過去の状況と共に確認してみて下さい。新たに生じた干潟や塩性湿地の多くがそこに生育していた絶滅危惧生物とともにすでに失われたばかりでなく、震災前にあった湿地のいくつかも埋め立てられて海岸防災林などになりました。なぜこうなってしまったのでしょうか。状況を理解するためには、これらの事業について、多少知る必要があります。

復旧事業の内容

復旧事業は元にあったものを元にあったように復元する事業で、国が直接行う直轄事業と自治体の事業があります。自治体の事業は国が高い割合で一部負担するのが通例ですが、今回の大震災は特例として全額を震災復興特別交付税という特別な国の税金から支出しています。復旧事業には法律によって期限が定められており、今回は被災年を含めて五年（つまり平成二七年度）以内に支出しなければなりません。被災地にある国の機関や自治体は、震災で格段に増えた仕事とともにこれらの事業を行わなければならないのです。時間が限られた中では、指針で決められた一律の仕様の計画を立てるので精一杯、希少な生物などの地域の状況を調べてそれに合わせた柔軟な計画を立てる余裕はなかったようです。特別な国の税金から全額を支出することが決まっているというのも、地形や背後の土地利用に合わせた効率的で必要最小限の事業にならない原因かもしれません。

震災発生後の自然に大きな影響を与えている事業は防潮堤復旧事業、海岸防災林復旧事業、防災緑地整備事業です。防潮堤復旧事業は、各海岸の海岸保全基本計画という、あらかじめ各県が立てた計画で定められた高さの防潮堤（たとえば仙台湾の場合、七・二メートル）を再建し、消波ブロックを設置し直すものです。国土交通省や、自治体の土木関係の部門が担当しています。海岸防災林復旧事業は、震災前も海岸林だった場所やそれに隣接する水田などに、海岸林を再生するものです。林野庁や、自治体の農業・林業関係の部門が担当しています。この新たに造成する海岸林では、津波を受けても根返りや流木化しないように地下水位より二・九メートル高くなるように盛土がなされます。この盛土、つまり埋め立ては、潮害の防止などの海岸林の機能を十分に確保するために、海岸から陸側に向って二〇〇メートル以上の幅で行われています。これとは別に行われる防災緑地整備事業は、市街地や集落であった場所や、それに隣接する水田や海岸林だった場所に、緑地を新たに整備するものです。自治体の土木や都市・公園関係の部門が担当しています。一般に、この防災緑地整備事業は住宅地の高台移転などとセットで進められています。これら各事業の詳細な説明や数字の拠り所は参考文献[2]を参照して下さい。

復旧事業から生物は守れるか

復旧事業や復興事業の場所に貴重な自然が残されていたとき、そして保護上重要な生物の生息や生育が確認されたとき、これらを守ることはできるのでしょうか。これはどのような事業であるかにより異なります(表1)。たとえば、防潮堤の位置や高さは海岸保全基本計画に定められているので、設置の中止や高さの変更は、基本計画を変更しない限り困難です。一方、海岸防災林や防災緑地では柔軟な対応が可能です。実際、福島県内の防災緑地では、住民参加の「ワークショップ」と呼ばれる勉強会・意見交換会の中で地域の要望や専門家の意見を取り入れながら計画が立てられています。もちろん、公共事業の進み具合により、対応できることは異なります。しかし、設計をする段階までは、防潮堤のセットバック(内陸側への移動)や海岸防災林の盛土の中止は可能な場合があります。ただし、担当者にはそうとうな覚悟と労力が必要なようです。発注の後、事業の実施中でも、仮設道路や資材置き場などの場所の変更はできるようです。そのため、保全をしたい場所の工事の進み具合を知ることや、設計段階までに事業を行っている国や自治体と協議をすることは重要です。

効果的な取り組み事例

このような制約の中で、国や一部の自治体は、復旧事業や復興事業と希少な海岸植生や保護上重要な生物の保全を両立させる取り組みを行っています。(2) 最も効果的と思われるものの一つは、防潮堤のセットバックです。岩手県陸前高田市の小友浦《おともうら》では、津波後に形成された干潟を残すために、市が防潮堤を一五〇メートルほど内陸側に移動しました(11章参照)。宮城県仙台市の蒲生《がもう》干潟や新浜などでも砂浜を守るために国土交通省や県が防潮堤を数十メートルセットバックすることになりました。保護区の設置も効果的と思われます。福島県相馬市大洲の松川浦には、津波後に形成された干潟や塩性湿地とそこに生育する絶滅危惧種を守るために、林野庁と福島県により合計約三ヘクタール程度の「保存区域」が設けられました(図1)。福島県内では、相馬市から南相

表 1. 事業の進み具合による生物や植生保全策の可能性の目安。本文であげた事例等に基づき作成。個々の事例により、状況が異なる場合がある。

	計画段階	設計段階	工事契約後	事業完了後	備考
計画された場所に防潮堤を設置しない	困難				海岸保全基本計画の変更が必要
防潮堤の高さの変更	困難				海岸保全基本計画の変更が必要
防潮堤のセットバック（内陸への移動）	可能		困難		
海岸防災林や防災緑地予定地の湿地などを残す	可能		困難		
海岸防災林や防災緑地予定地の湿地などを資材置き場等で一時使用した後に復元する	可能		困難		
繁殖時期を避けるなどの事業時期の配慮	可能		困難	（完了後は対象外）	
資材置き場等一時使用場所の変更	可能			（完了後は対象外）	
生育希少生物の移植、移動	可能			困難	かえって自然破壊につながるおそれがあるので、専門家を交えて慎重に行う必要がある

馬市にかけての海岸防災林復旧事業場所で、現在までに約一〇か所の保護区が設置されています。仙台市新浜の海岸防災林では幅一二〇メートルほどの盛土しない「湿地ゾーン」を残すことになりました。林野庁が公表している資料によると、宮城県内の国有林では仙台市井土浦に約五ヘクタール、名取市広浦に約二五ヘクタールの自然環境保全エリアを設け、当面の間湿地等の現状を維持することが検討されています。また生物多様性配慮ゾーンを設け、そのうちの名取地区では湿地環境を保全するために約二キロメートルに渡って幅三〇メートルの「内陸側保護スペース」を設け、仙台地区では約六ヘクタールの湿地、約六〇〇メートルの堀沿いの残存林、長さ約一キロメートル、幅約五〇メートルの砂裸地を保全することが検討されています(13章参照)。一時的に資材や土砂置き場として利用した後、原状復帰して湿地を回復することも、海岸のような攪乱《かくらん》に強い生態系では有効でしょう。福島県新地町の防災緑地には、盛土置き場や工事事務所などに使い、その後湿地復元をする約二ヘクタールの場所があります。一部の場所で地盤の上に置いたシートや盛土を試験的に撤去したところ、間もなくねらい通りに湿地化して、福島県の絶滅危惧植物であるコウキヤガラなどが生えてきました。福島県松川浦でも約九・五ヘクタールの「保全区域」が県により設置され、一時利用の後の生態系復元が計画されています(図1)。この他、仮設道路や資材置き場の位置の変更などは福島県いわき市のカワラハンミョウ生息地など各地で実施され、特定の生物の保全に一定の効果を上げています。

ところで、ハマナスやシャリンバイなど地域的に絶滅危惧種に指定された植物の植栽がイベントも兼ねて行われることがあります[2]。善意から行われていることですが、他地域からの苗を用いた場合は、もともとその地域の生物がもっていた遺伝子が交雑により変化する遺伝子汚染を引き起こします(コラム「植樹による遺伝子汚染と遺伝的多様性の低下」参照)。また、その地域の苗を用いた場合でも、特定少数個体由来の苗を大量に植えることによる遺伝的多様性の低下につながるおそれがあります。大きな話題になりましたが、「緑の防潮堤」と称した常緑広葉樹の大規模な植樹も、東北地方では分布も

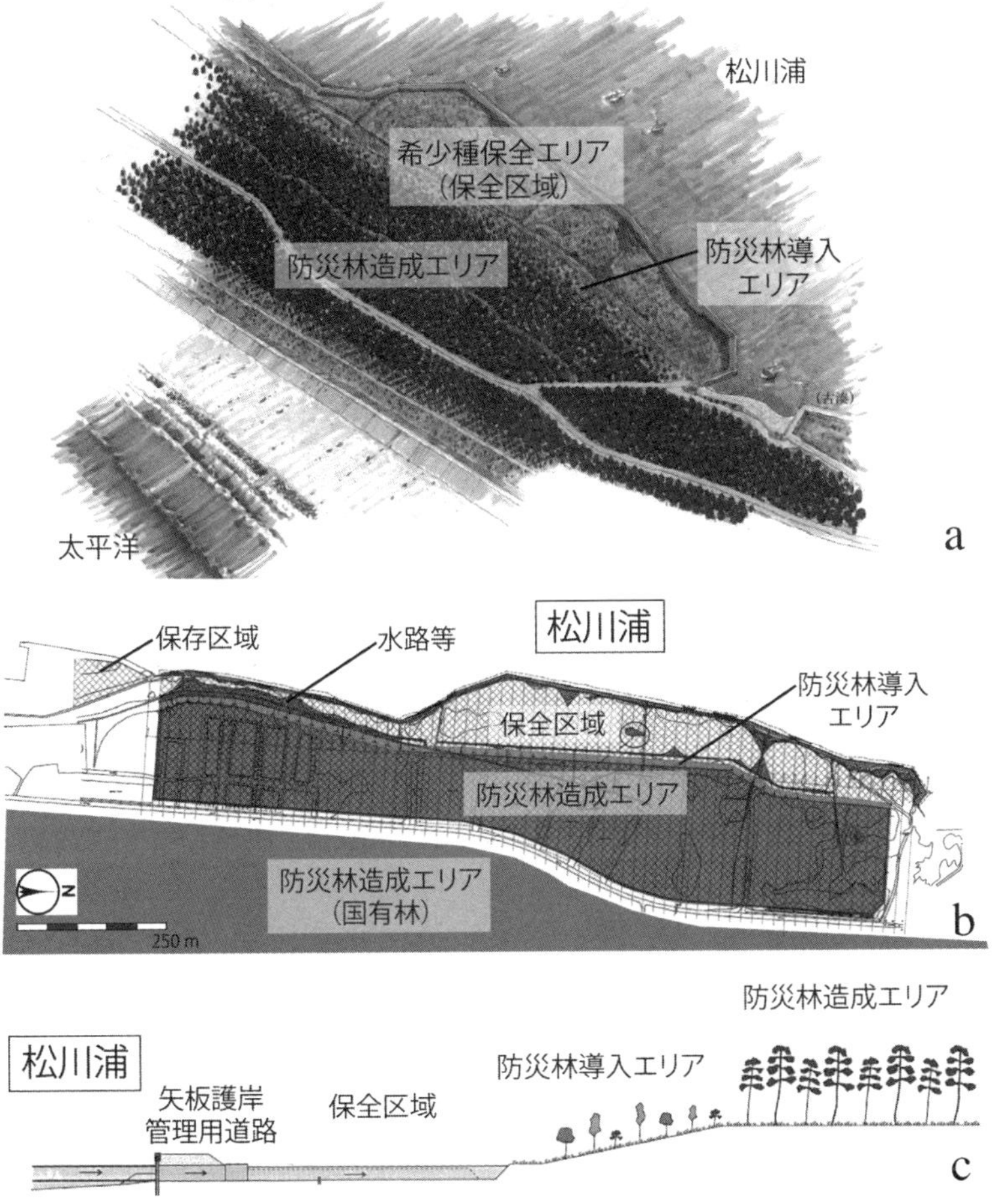

図 1. 福島県松川浦の海岸防災林復旧事業で設けられた保護区（保全区域）、一時的に工事に利用の後に湿地を復元する区域（保全区域）、及び緩斜面にしてエコトーンを創出する区域（防災林導入エリア）の計画図。a：概念図。b：平面図。c：断面図（福島県報道発表資料をもとにした（2）を一部改変）。

個体数も限られている常緑広葉樹への遺伝子汚染が懸念されており、好ましくない側面があります。

驚くべきことに、被災県ごとに保全の状況は大きく異なります。保護区設置や一時利用後の生態系復元事業は福島県では比較的多くの場所で行われていますが、他県では検討はなされていても、まだほとんど実現していません。復旧・復興事業の際に自然保護団体の活動もほとんど起こらなかった福島県で、なぜ生態系復元が行政主体で意識されたのでしょうか。じつは二〇〇四年に公布された「福島県野生動植物の保護に関する条例」で絶滅危惧種などの保全が定められ、公共事業で希少種がみつかった際に専門家と対応を相談するなどの運用がなされていました[2]。法律の整備と平時からの取り組みが重要だったのです。福島県では、防災緑地の計画を決める際に住民や専門家参加のワークショップを開催するなど、当初から復旧・復興事業で住民に目を向け環境に配慮してきましたが[3]、それは従前からの市民・行政・研究者が一体となった取り組みの成果といえるのかもしれません。復旧・復興事業の際に希少な植生や生態系の保全に国や自治体がどのような態度をとるかは、平時から市民サービスとしてどこに視線を向けているかに大きく関わっているといえるでしょう。

将来の震災への備え

将来起こるかも知れない次の震災に向けて、防災や減災に生態系を活用する生態系インフラストラクチャーなどの技術の確立の重要性が指摘されています[1]（24章参照）。その際、平時における生物多様性保全に関わる法律や条例の整備、その適切な運用は極めて重要です。また、復旧事業における生物多様性保全に関するガイドラインの整備も望まれるところです。

海岸にできた一律の高さや形の構造物の中で、あるいは残された保護区で、無事に海岸の生物たちは生き残れるでしょうか。海岸の生物たちをめぐる壮大な実験場のような環境が、東北地方太平洋側に広がっています。生態学的な調査を続け、消滅しそうな保護上重要な生物や貴重な生態系があれば、適切な保全策を探ってこれを求め続ける、そのようなことが当分必要になりそうです。

コラム　植樹による遺伝子汚染と遺伝的多様性の低下❷

（p.162より続く）

また、植林には遺伝子攪乱《かくらん》とは別のリスクもあります。同じ地域由来の個体を植林に用いる場合でも、少数の個体に由来する苗だけを用いると、森林は同じような遺伝子組成をもつ個体ばかりになってしまい、森の遺伝的な多様性が失われてしまうのです。こうなると、病気が蔓延したり子孫の死亡率が高まって結果的に絶滅してしまうリスクが高まります。

このような遺伝子攪乱や遺伝的多様性の低下のリスクは自生個体に対する植栽個体の割合が高くなるほど大きくなると考えられます。このような観点から、最近、植樹の際の遺伝子攪乱と遺伝的多様性の低下を防ぐための様々なガイドラインが定められるようになりました(2)。福島県では、防災緑地および海岸防災林の整備に際し、絶滅危惧種を原則として植えないことを定めました。また、県立自然公園内においては指定植物、天然記念物の樹木の周辺においては同種の植物も原則的に植栽しないことにしています。

環境に良いことをしようと善意で行ったことが、かえって自然に悪影響が出てしまうことは、とても残念なことです。そのような可能性を生じないために、植樹をする際には細心の注意が必要です。これは、一部の被災地で行われたホタルなどの放流でも同じことが言えます。

（黒沢高秀／編集委員会）

24 地域復興と減災・防災対策に「海岸エコトーン」という視点を

平吹 喜彦

うるわしい里浜、仙台湾岸の海辺

宮城県の牡鹿《おしか》半島基部の石巻市万石浦《まんごく》から南におよそ六〇キロメートルにわたって、美しい円弧を描く仙台湾岸の海辺は、日本を代表する、そして今や数少ない自然状態を残す砂浜海岸でした。その証拠にここには、特定植物群落や宮城県の希少な植物群落、県自然環境保全地域、日本の重要湿地500など、指定を受けて保護と保全、慎重な利用が図られてきた領域をいくつも認めることができます[1]。

この海辺には、浅い水域、汀線《ていせん》・岸辺、砂浜、潟湖《せきこ》、干潟、砂丘、海岸林・河畔林、水路、後背湿地といったいくつもの生態系が連なり、砂浜海岸エコトーン（コラム「沿岸域のエコトーン」参照）が形づくられています。水鳥や底生動物でにぎわう干潟、水辺を縁取るヨシ原、植栽由来のクロマツが優勢な海岸林など、変化に富んだ生態系には、それぞれに多様な生物が暮らしています[3]（4章、16章参照）。そして、古来から私たちヒトは、ここから数々の魚介類やきのこ、山菜といった四季折々の食材、落ち葉や松笠といった燃料、白砂青松のうるわしい景観など、多くの恵みを授かってきました。

荒ぶる水や大地、たくましく生きる動植物に畏敬の念を抱きながら、感謝を込めて自然の恵みを受け取り、持続可能な暮らしのあり方をさらに追求する……　先人

図 1．東日本大震災直後の小砂丘上のクロマツ・アカマツ林（2011 年 4 月 26 日　宮城県東松島市）。

のこうした考え方、生活知が根付いた海辺は「里浜」と呼ばれます。かつては仙台湾岸の砂浜海岸エコトーンに散りばめられていた「うるわしい、ふるさと」・里浜。それは東日本大震災発生後の未来志向の復興を進めるにあたって、目標像を描くための最も有用な情報源になることでしょう。[2]

大地震・大津波による攪乱

発災時、仙台湾岸の海辺では地盤が二〇〜八〇センチメートル沈降し、液状化も生じ、続いて高さ六〜九メートルに達する大津波が押し寄せました。砂浜海岸エコトーンでは汀線の後退、地表の剥離、樹木や人工構造物の倒壊・流亡、砂泥の堆積が生じました（図1、2章、18章参照）。波打ち際の砂浜はあちこちで分断されて海中に沈み、荒波が平らになった砂浜の奥深くまで押し寄せるようになったのです。コンクリート製の消波堤や防潮堤は破壊され、背後の小砂丘に植樹されていた若齢のクロマツも地表付近で幹折れ・傾倒し、枯死しました。[3]内陸域では、後背湿地を広く覆っていた壮齢林で、マツ類と広葉樹の高木が傾倒・根返りし、流亡も生じました。仙台市若林区の海岸林のうち、およそ九割が倒壊したこともわかってきました(3)。

　地表の状態も大きく変化しました。落葉落枝が流亡した後、砂浜や海底から運ばれてきた砂泥が、汀線からの距離や地上構造物の形状に応じて様々な厚さ・組成で堆積しました。塩水と砂泥、倒木・流木、がれきに覆われた荒涼とした風景が、砂浜海岸エコトーンを覆ったのです。

生態系の自律的再生

　しかし驚くべきことに、二〇一一年春の成育期の到来以降、砂浜海岸エコトーンのあちこちで植物が芽吹き(18章参照)、鳥や昆虫、底生動物が姿を現し始めたのです。仙台市宮城野区新浜地区に設置した「南蒲生《がもう》/砂浜海岸エコトーンモニタリングサイト」(北緯三八度一四分、東経一四〇度五九分、面積およそ三八ヘクタール)における二〇一一年の調査によれば、地表下の植物体や埋土《まいど》種子をはじめ、多くの草本や低木、そして一部の高木で地上部も生存したことによって、三〇九種の維管束植物が記録され、食性やハビタットを異にする多様な昆虫三三一種の生存・出現が確認されました(3)。

　その後も、自生の砂浜・湿性植物やクロマツ実生などの顕著な分布域拡大、生態ピラミッドの上位に位置する猛禽類やタヌキ、キツネのすみ込み、枯死木の腐朽にかかわる甲虫類の増加など、生態系の自律的再生を裏づける現象が次々と記録されています(3)(図2)。たとえば、海浜に生息するハチ類では、発災後二年目になると種類数が急増し、総種数は震災前と大差のない状況になりました(16章参照)。発災直後は「壊滅的ダメージを受けた」と考えられた砂浜海岸エコトーンでしたが、そこでは研究者の予想を上回るスピードと規模で、生態系の回復が進行しています。

地域復興と減災・防災対策

　この「津波などの攪乱《かくらん》による損傷から、自らすばやく回復する機能」は、生態系の抵抗力あるいは耐久力(生態系レジリエンス)とみなされ、自然環境の保護・保全や持続可能な地域づくり、減災・防災対策を推進する際の重要な検討項目になりつつあります。
すでに世界各地では、「その土地本来の生態系がもち

図2.　後背湿地の微高地を覆っていたマツ類と広葉樹が混交する壮齢林では、大津波の進行方向に沿って林の一部が櫛の歯状に残存し、また、傾倒・根返り跡地では植生がすばやく回復した（2013年6月　宮城県仙台市宮城野区新浜）。

合わせているレジリエンスと多機能性を尊重し、賢く利活用する」未来志向の取り組みが実行されています。減災・防災分野では「生態系インフラストラクチャー（グリーン・インフラストラクチャー）」、あるいは「生態系を基盤とした減災・防災（Eco-DRR ; Ecosystem-based Disaster Risk Reduction）」という呼称で普及しつつあります。たとえば、波浪や高潮、洪水、強風、塩害が高頻度で来襲する砂浜海岸や河辺のエコトーンでは、①固有のレジリエンスと生物種、景観をあわせもつ健全な生態系の存続を優先させる、②新造時はもちろん、保守・改築に莫大な費用をともなうであろう防潮堤や盛土などの人工構造物については、水際に、全域にわたって張り巡らせるのではなく、設置を見送ったり、保全した生態系の背後地に順応的に設置してゆく、といった取り組みが推奨されています。[2]「健全な生態系と人工構造物のベストミックスの追求」としても認知されているようです。

　発災の直後、政府や自治体は「多重防御による地域づくり」という砂浜海岸エコトーン全体を見渡して、土地利用や減災・防災、まちづくりのあり方を一元的に検

図3．海岸防災林（写真前面）と緑の防潮堤（左奥）の復興事業にともなって、自然度の高い砂丘は遠来の土砂と植栽木に覆われた（2014年6月　宮城県岩沼市相の釜）。

討する画期的な構想を掲げました。しかし、実際の復興事業は、津波災害からの防御に特化した画一的なものとなり、砂浜海岸エコトーンの生態的特性を活かすことなく、すさまじい面積とスピードで土地の改変・造成が進められているように思えてなりません。

被災した沿岸域では、生態系レジリエンスの担い手である野生動植物やハビタットが、広大な海岸防災林の基盤盛土や長大な防潮堤・河川護岸によって押し潰され、分断され、消失している状況が少なからず認められます（図3、口絵15）。また、これから本格化する緑の防潮堤事業は、波打ち際間近のコンクリート防潮堤を砂浜海岸には馴染まない、遠来の土砂と樹木で覆って樹林化しようとする取り組みであるため、希少な砂浜生態系のさらなる劣化・消失が生じるでしょう（23章参照）。里浜という「うるわしい、ふるさと」にとってかけがえのない砂浜や潟湖、干潟、砂丘、後背湿地、そしてそれら生態系のつながりの下でいのちと子孫をつなぐ多様な郷土種を保全するために、抜本的な改善を図るべきです。

日本の知を代表する日本学術会議は、「復興・国土強靭化における生態系インフラストラクチャー活用のすすめ」を示し、「東日本大震災の復興事業はもとより、国内外の事前復興事業に積極的に導入して、人類の福利に貢献すべきである」と提言しています。深い悲しみと痛手を刻む被災地の海岸エコトーンでこそ、自然環境と減災・防災対策が調和する地域づくりに道を拓く、謙虚で先進的な営みがなされることを期待します。

25 復旧事業における海浜植物の保全対策
——十府ヶ浦の事例

島田直明

三陸海岸では北山崎や碁石海岸といった急峻な地形の景勝地が多くみられます。三陸海岸の南部はリアス海岸で、深い湾と半島が交互に現れる入り組んだ海岸になっており、半島部は急峻な地形になっています。一方、北部は直線的な断崖が発達しています。このように三陸海岸は南北で海岸が異なる様相をしていますが、急峻な地形であることは共通しています。そのため、広い砂浜があまり発達していません。それでも岩手県内では、高田松原や根浜《ねばま》、十府《とふ》ヶ浦といった全長一キロメートル以上の大きな砂浜もみられました。

震災で減少した三陸海岸の砂浜

岩手県内の砂浜が、震災によって、どのように変化したのかを調べるために、震災前後の空中写真を比較し、面積の減少率を求めました。対象としたのは三八か所の砂浜です。すると岩手県内では南部の砂浜ほど、大きく面積を減らしていることがわかりました[1]（図1）。高田松原や根浜といった岩手県民には海水浴場としてよく知られた砂浜がなくなってしまいました（口絵10）。このように、岩手県ではもともと少ない砂浜が、震災によってさらに減少しました。砂浜を生育地としている海浜植物にとっては、その生育地が大きく減少したといえます。

面積の減少率を求めた砂浜で、海浜植物をリストアップする調査を行いました。調査結果から海浜植物が豊かに出現するといえるのは、約半数の一八か所でした[1](図2)。多くの海浜植物が出現したところは種の供給拠点になり得る重要な砂浜です。これら重要な砂浜がさらに、震災発生後の復旧工事によって、減少する懸念があります。特に岩手県南部では種の供給拠点となる砂浜が少なく、今後砂浜が回復したとしても、海浜植物があまりみられない砂浜になるかもしれません。このような重要な砂浜の一部では、海浜植物の保全対策が講じられています。ここでは、その一端を紹介します。

十府ヶ浦の被害状況

岩手県北部の野田村にある十府ヶ浦は、砂浜の長さが約二キロメートルと岩手県内では最大級で、三陸復興国立公園に含まれています。海水浴場やイベントの会場として地元の方に親しまれる三陸を代表する景勝地です。村の花のハマナスは十府ヶ浦に生育していたものをシンボルとして用いていますし、特産品の「のだ塩」は、江戸時代に十府ヶ浦をはじめとする砂浜でつくられ、盛岡など内陸に送っていたという歴史があります。このように、十府ヶ浦というのは野田村の方にとって大切な場所であるといえます。

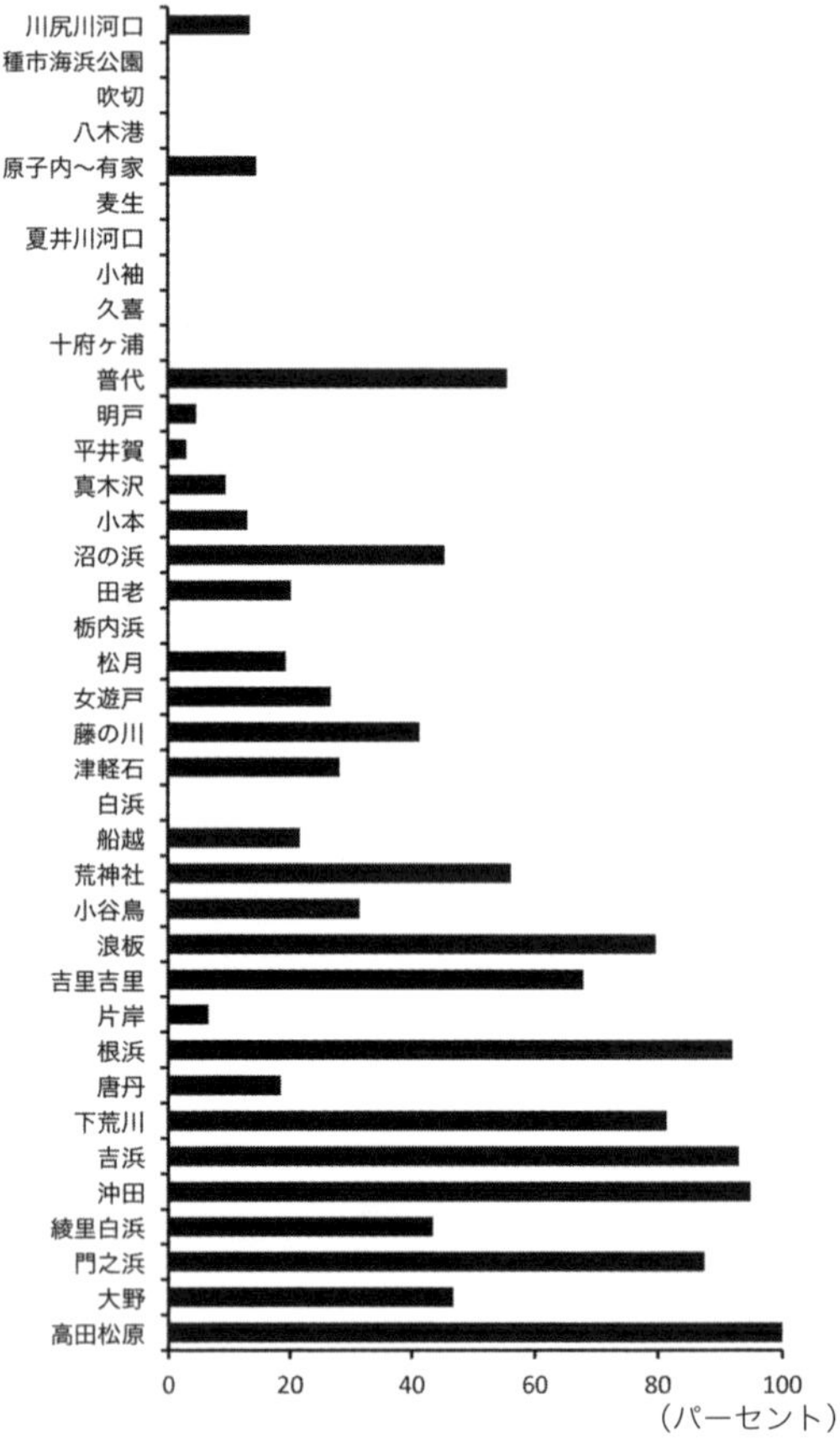

図1．岩手県内の砂浜面積の減少率。震災発生前後の空中写真を比較して求めた((1)から作成)。調査地点については図2を参照。

この十府ヶ浦は、震災によって高さ二八メートルという大きな津波に襲われ、野田村も多くの被害を受けました。砂浜では消波ブロックが散乱し、ハマナス群落も地上部は枯れてしまいました。しかし、ハマナスは根茎から芽を出し、被災当年夏には花を咲かせていました（図3）。十府ヶ浦で震災発生後に海浜植物が確認されたのは、一〇ヘクタールの広い砂浜の南北端にわずか〇・四ヘクタール程度であり、ほかの場所は以前の防潮堤工事などで消失してしまったようです。

十府ヶ浦の保全対策

十府ヶ浦には震災前、ほぼ全面に渡って高さ一〇・三メートルもしくは一二・〇メートルの防潮堤が建設されていました。震災発生後、全体を一四・〇メートルにかさ上げし、十府ヶ浦全体を横断するように復旧工事が行われています。その工事の中で、震災発生後すぐに花を咲かせたハマナスなどの海浜植物のあった南端の米田川地区の砂浜は、工事用車両の仮設道路や防潮堤の施工

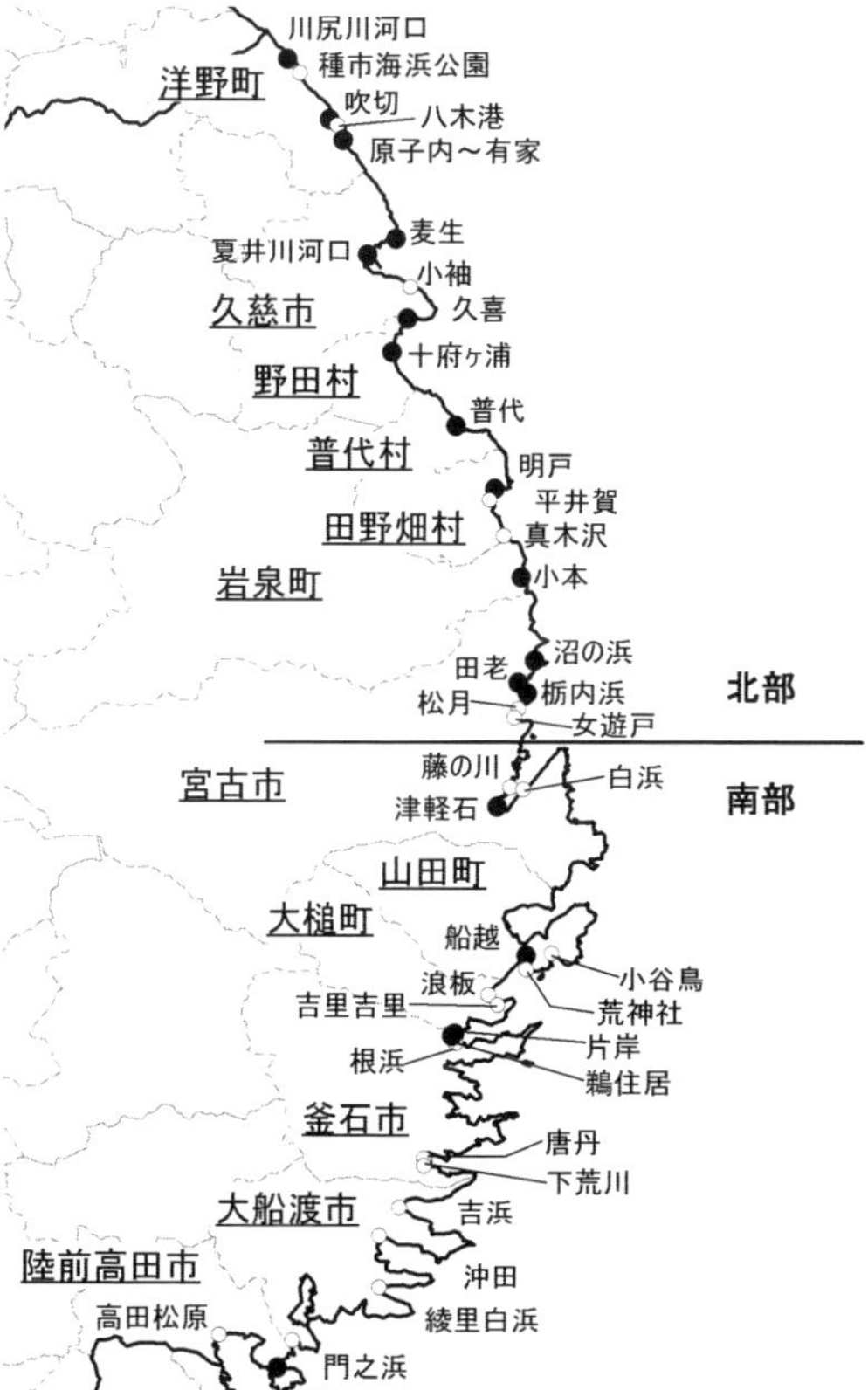

図2．岩手県の海浜植物調査地点。黒丸は海浜植物が多かった砂浜、白丸は少なかった砂浜を示した。

図 3. 十府ヶ浦米田地区の被災当年夏季の様子。ハマナスは津波により地上部が枯れ、40 センチメートル程度の高さになっている（2011 年 7 月）。

ヤードとして使用され、大きく改変を受けることになりました。そこで、岩手県県北広域振興局土木部と協議し、様々な保全対策を講じてもらうことになりました。工事完了後に、もとと同様の砂浜の復元を目指していくことになっています。

講じられた保全対策は、①現地植生保全エリアの設定、②種子や根茎を含んだ表土の現地内陸部への仮移植、③根茎の系外（現地から遠い場所）での仮移植、④種子の保存及び播種《はしゅ》による育苗の四つです。

①の現地植生保全エリアの設定とは、ハマナス群落などが生育している砂浜に一〇×一五メートルほどの区画を二つ設定し、工事用地から外し保全するというものです。この場所では現在、ハマナスをはじめ、多くの海浜植物が確認できます。できるだけ現地で植生が生育している場所を保全する、ミチゲーション（コラム「自然を開発するときの理念とルール――ミチゲーション」参照）の考え方では低減に該当します。

②の仮移植は、現地の防潮堤陸側に仮移植地を用意していただき、海浜植物の根茎や種子を含んだ砂を、深

さ四〇～五〇センチメートル程度、バックホーで掘り取り、仮移植地に移動させるものです。砂の中の水分条件が多様になるように、高さ三〇～七〇センチメートル程度の畝状に設置してもらいました（図4）。二〇一五年四月はじめまでに作業が終わり、仮移植地の面積は約八〇〇平方メートルになりました。二〇一五年夏には、ほとんどの海浜植物の再生が確認できましたが、一部の種は個体数が減少しているようでした。このように減少している種については、種子からの増殖（④）が重要になります。

③の根茎の系外仮移植は、二〇一五年三月に工事前の砂浜から根茎の採取を行い、これらをプランターに入れて、岩手県内陸部にある岩手県立大学（滝沢市）にも ち帰りました。一部は、大学の畑や大学に隣接する盛岡農業高校の畑に仮移植し、ほかのものはプランター内で育成しています。これらも、順調に生育しています。

④の種子の保存及び播種による育苗は、二〇一四年一〇月から採取した海浜植物の種子を播種し、苗を育成・増殖させ、工事後に移植しようというものです。発芽条

図 4. 畝状に設置された仮移植地。砂の移動後 3 か月で海浜植物が植被率 70 パーセント程度に再生した（2015 年 7 月）。

件などが不明なものもあるため、大学及び盛岡農業高校で発芽実験を行いながら、育苗につなげていこうとしています（図5）。育苗しやすい種は、住民参加型の苗づくりも予定しています。苗はつくった方と一緒に砂浜に移植することで、住民の方が自分たちの砂浜を取り戻していく試みになるのではないかと思っています。

図5．盛岡農業高校での発芽実験の種子播種風景（2015年6月）。

今後の保全対策

②から④は、ミチゲーションの代償にあたり、工事が終わり次第、砂浜へ本移植することになっています。複数の対策を講じることで海浜植物が絶滅してしまうリスクを避け、すべての種を十府ヶ浦に戻したいと考えています。また、それぞれの植物の多くの個体を仮移植したり、多くの個体から種子の採取を行ったりすることで、その植物の遺伝的な多様性を保全することを心がけました。さらに工事が終わり、本移植が行われた後も、移植が順調に進んでいるかどうかを長期間調べ続けていく必要があるでしょう。地元の研究機関として、積極的に関わっていきたいと思っています。

岩手県南部に位置し、海浜植物の供給源としてもとても重要な場所である山田町船越でも、同様の取り組みを船越小学校と協働で行うことになっています。これらの取り組みを通して、砂浜に生育している海浜植物が以前のように回復し、地元の方々の心の拠り所となるような砂浜の再生を目指しています。

コラム 自然を開発するときの理念とルール
――ミチゲーション

自然環境への開発の悪影響を緩和したり、補償したりすることを「ミチゲーション」といいます。このミチゲーションには、開発を行わず影響を避ける「回避」、開発による改変を少なくする「低減」、改変された自然環境を修復したり代わりの環境を創出する「代償」の三つがあります。それぞれを湿原での道路建設を例にすると、湿原を迂回したルートに変更するのが「回避」、湿原を通るルートを従来案より短縮すれば「低減」、ルートは変更せずに近くに湿原を作成して生物の移植などを行うと「代償」ということになります。

ミチゲーションでは、はじめに「回避」が可能かどうか検討します。なぜなら、それができれば自然環境への開発の悪影響をゼロにできるからです。しかし、なんらかの理由により「回避」が困難な場合には、通常「低減」を検討します。このとき、「低減」だけでは自然環境への悪影響が避けがたい可能性が大きい場合には「代償」を検討することとされています。いうまでもないことですが、震災発生後の復旧工事でもこのような視点は活かされるべきでしょう。

（島田直明／編集委員会）

おわりに

本書発行の二〇一六年三月は、東日本大震災から五年の節目となります。しかし、東北の沿岸域の将来がどうなるかは、これからにかかっていると言えるでしょう。被害を受けた沿岸域では、防潮堤工事や住宅地のかさ上げ、高台移転地の造成など、様々な復興工事が急ピッチに行われております。一日も早く、被災したみなさんの生活がより良い形で落ち着かれることを、心よりお祈りしております。

震災発生直後、東北地方の太平洋沿岸の生き物たちがどのようになっているのか、大変気になっていました。しかし、住民の方々のご苦労を考えると、なかなか訪れることができず、また行ったところで自分に何ができるのだろうかと悩んでいたことが、昨日のように思い出されます。実際に訪れたときに、壊れた防潮堤や途中で折れている多くの海岸林の木々などを目にして、とてつもない力が働いたことを実感し、海岸に暮らしている生き物にとっても大きなダメージになっただろうと考えていました。その後、何度も被災地に足を運び、調査を行ってきました。

ところが、調査をしてみると、急速に回復しつつある場所も多いことがわかってきました。こうした様子を目の当たりにして感じたのは、自然のしなやかさ、タフさでした。

本書には、津波を受けた地域の様々な生き物の暮らしぶりが描かれていますので、それを感じていただけると思います。

本書の発行に当たり、多忙にもかかわらず、執筆をお受けくださった執筆者の方々や編集委員のみなさん、また、本書の企画や編集を担当してくださった文一総合出版の菊地さん・椿さんには、こちらの作業が遅く、大変ご苦労をおかけしました。

なお、本書は、日本生態学会主催の第一九回公開講演会「生態学から見た東日本大震災」の講演及び東北地方の被災地における調査内容をまとめたもので、科学研究費助成事業の研究成果公開発表の助成を受けました。ご尽力いただいたみなさんに、ここに記してお礼申し上げます。

震災の影響をうけた地域の生き物たちのしなやかな暮らしの一端を本書で感じていただき、それを契機に多くの方々に生態学の魅力と必要性を感じていただければ幸いです。

二〇一六年春

編集委員会幹事　松政正俊・島田直明

(2) 森誠一編（2012）天恵と天災の文化誌 ── 三陸大震災の現場から．東北出版企画．
(3) シュルーター，D.（2012）適応放散の生態学．森誠一・北野潤訳，京都大学学術出版．

22 原発事故で飛散した放射性セシウムによるイノシシ肉の汚染
(1) Hohmann, U. and Huckschlag, D.（2005）Investigations on the radiocaesium contamination of wild boar (*Sus scrofa*) meat in Rhineland-Palatinate: a stomach content analysis. *European Journal of Wildlife Research* 51：263–270.

第５部
23 津波被災地で行われている復旧・復興事業と保全
(1) 西廣淳・原慶太郎・平吹喜彦（2014）大規模災害からの復興事業と生物多様性保全：仙台湾南部海岸行きの教訓．保全生態学研究 19：221–226.
(2) 黒沢高秀（2014）東日本大震災前後の福島県の海岸の植生と植物相の変化および植生や植物多様性の保全の状況．植生情報 18：70–80.
(3) 石倉信昌（2015）被災地からの発信（第 24 回）福島県における住民参加型防災緑地づくりについて．土木学会誌 100（3）：36–39.

24 地域復興と減災・防災対策に「海岸エコトーン」という視点を
(1) 滝口政彦・平吹喜彦・菅野洋・内藤俊彦・杉山多喜子・下山祐樹・葛西英明（2014）宮城県の東日本大震災津波被災域における劇的な植生変遷．植生情報 18：55–69．植生学会．
(2) 西廣淳・原慶太郎・平吹喜彦（2014）大規模災害からの復興事業と生物多様性保全：仙台湾南部海岸域の教訓．保全生態学研究 19：221–226.
(3) 南蒲生 / 砂浜海岸エコトーンモニタリングネットワーク（2015）南蒲生 / 砂浜海岸エコトーンモニタリングネットワークホームページ．https://sites.google.com/site/ecotonesendai/, 2015 年 9 月 22 日最終閲覧．

25 復旧事業における海浜植物の保全対策
(1) 島田直明・川西基博・早坂大亮（2014）岩手県の砂浜植生回復に関わる生態学的な評価と保全対策の提案．総合政策 16（1）：19–34.

コラム
攪乱の二つの作用
(1) 重定南奈子・露崎史朗（2008）攪乱と遷移の自然史．北海道大学出版会．
(2) 森 章（2010）攪乱生態学が繙く森林生態系の非平衡性．日本生態学会誌 60：19–39.

植樹による遺伝子汚染と遺伝的多様性の低下
(1) 津村義彦・陶山佳久（編）（2015）地図でわかる樹木の種苗移動ガイドライン．文一総合出版．
(2) 環境省地球環境保全研究費「自然再生事業のための遺伝的多様性の評価技術を用いた植物の遺伝的ガイドラインに関する研究」研究グループ（平成 17 年～ 21 年度）．(2011) 広葉樹の種苗の移動に関する遺伝的ガイドライン．森林総合研究所，つくば．https://www.ffpri.affrc.go.jp/pubs/chukiseika/documents/2nd-chukiseika20.pdf

団の関係．日本緑化工学会誌 26（3）: 209–222.
(2) Kawanishi M., Hayasaka D., Shimada N. (in press) The species composition of buried seeds of seashore vegetation disturbed by the 2011 Tohoku-oki tsunami in northern Tohoku, Japan. In: J. Urabe and T. Nakashizuka (eds), Ecological impacts of tsunamis on coastal ecosystems : Lessons from the Great East Japan Earthquake, Springer, Tokyo.
(3) 澤田佳宏・津田　智（2005）日本の暖温帯に生育する海浜植物 14 種の永続的シードバンク形成の可能性．植生学会誌 22 : 135–146.

15 海辺にすむ甲虫類は今どうなっているか

(1) Kobayashi, N.（2010）Food plant of a supralittoral flightless weevil, Isonycholips gotoi (Coleoptera, Curculionidae). *Elytra, Tokyo* 38（2）: 167–168.
(2) Ôhara, M., & F. Jia（2006）Terrestrial hydrophilid beetles of the Kuril Archipelago (Coleoptera, Hydrophilidae). *Biodiversity and Biogeography of the Kuril Islands and Sakhalin* 2 : 129–150.

16 巨大津波が浜に生息するハチたちに何をもたらしたか

(1) 郷右近勝夫（2006）蒲生海岸の干潟と砂丘における訪花昆虫とそれらの季節消長．中国昆虫 20 : 51–69.
(2) 郷右近勝夫（2010）砂浜の後退にともなう海浜性有剣ハチ類の衰退．石井実（監），日本の昆虫の衰亡と保護，pp.174–188．pp.310–317．北隆館．
(3) 郷右近勝夫（2015）阿武隈川河口北の有剣ハチ類の危機的現状．昆虫と自然 50 : 4–9.

17 津波による海崖植物の変化

(1) 高山晴夫（1984）東北地方海崖植生の配列構造に関する研究．東北大学．博士論文．

18 津波後の海岸林に残された生物学的遺産

(1) 杉山多喜子・惠美泰子・葛西英明（2011）宮城県仙台市海岸林の植物相．東北植物研究 16 : 59–68.
(2) 菅野洋・平吹喜彦・杉山多喜子・富田瑞樹・原慶太郎（2014）巨大津波直後の海岸林に生じた多様な立地の植生の変化―3 年間の記録．保全生態学研究 19 : 201–220.
(3) 遠座なつみ・石田糸絵・富田瑞樹・原慶太郎・平吹喜彦・西廣淳（2014）津波を受けた海岸林における環境不均質性と植物の種多様性．保全生態学研究 19 : 177–188.

第 4 部

19 津波後の湿地によみがえった花

(1) 菅原大介ほか（2011）東日本大震災による津波浸水域における学術調査報告書．http://geoinfo.amu.edu.pl/wngig/IG/szczucinski/news/report_japanese.pdf
(2) Mahoro S. (in press) Flora of freshwater wetlands in the tsunami-affected zone of the Tohoku region. In, J. Urabe and T. Nakashizuka (eds), Ecological impacts of tsunamis on coastal ecosystems: Lessons from the Great East Japan Earthquake, Springer, Tokyo.
(3) 松本仁・今西亜友美・今西純一・森本幸裕・夏原由博（2009）巨椋池・横大路沼干拓地の表層土壌中における水生植物散布体の残存状況とその鉛直分布．ランドスケープ研究 72 : 543–546.

20 津波震災で誕生した大槌町イトヨの新集団とその保全

(1) 森誠一（1997）トゲウオのいる川――淡水の生態系を守る．中公新書，中央公論社．

population dynamics: impacts and recovery from the 2011 Tohoku Megaquake. In: J. Urabe, T. Nakashizuka (eds), Ecological impacts of tsunamis on coastal ecosystems: Lessons from the Great East Japan Earthquake, Springer, Tokyo.
(4) Iwasaki, A., Fukaya, K., Noda, T. (in press) Quantitative evaluation of impact of disturbance on natural populations: a case study of intertidal organisms for the 2011 Tohoku Earthquake. In: J. Urabe, T. Nakashizuka, (eds), Ecological impacts of tsunamis on coastal ecosystems: Lessons from the Great East Japan Earthquake, Springer, Tokyo.

10 干潟にたくさんいた巻貝がいなくなった
(1) Miura, O., Sasaki, Y., Chiba, S. (2012) Destruction of populations of Batillaria attramentaria (Caenogastropoda: Batillariidae) by tsunami waves of the 2011 Tohoku Earthquake. *Journal of Molluscan Studies* 78：377–380.

11 新しい干潟が教えてくれたこと
(1) Costanza, R., d'Arge, R., de Groot, R. et al. (1997) The value of the world's ecosystem services and natural capital. *Nature* 387：253–260.
(2) Matsumasa, M. and Kinoshita, K. (in press) Colonization of benthic animals on the newly created tidal flats in the "Sanriku" region, northern Japan. In: J. Urabe and T. Nakashizuka (eds), Ecological impacts of tsunamis on coastal ecosystems: Lessons from the Great East Japan Earthquake, Springer, Tokyo.
(3) 松政正俊・木下今日子・伊藤萌・小島茂明（2015）三陸の渚：その大規模攪乱に対する脆弱性と頑強性．DNA 多型 23：9–16.

12 リアス海岸の干潟の底生動物は震災発生後にどうなったのか
(1) 環境省自然環境局（2007）第 7 回自然環境保全基礎調査 浅海域生態系調査（干潟調査）報告書．http://www.biodic.go.jp/reports2/6th/6_higata19/6_higata19.pdf
(2) 環境省自然環境局（2013）平成 24 年度東北地方太平洋沿岸地域自然環境調査等業務報告書．http://www.shiokaze.biodic.go.jp/PDF/h24report/h24_report_all.pdf
(3) 環境省自然環境局（2014）平成 25 年度東北地方太平洋沿岸地域生態系監視調査報告書．http://www.shiokaze.biodic.go.jp/data/25sokuhou/h25tohoku_monitoring_report.pdf
(4) 環境省自然環境局（2015）平成 26 年度東北地方太平洋沿岸地域生態系監視調査報告書．

第 3 部
13 海岸砂丘植生に及ぼす津波のインパクト
(1) Hayasaka, D., Fujiwara, K., Box, E.O. (2009) Recovery of sandy beach and maritime forest vegetation on Phuket Island (Thailand) after the major Indian Ocean tsunami of 2004. *Applied Vegetation Science* 12：211–224.
(2) Hayasaka, D., Shimada, N., Konno, H., Sudayama, H., Kawanishi, M., Uchida, T., Goka, K. (2012a) Floristic variation of beach vegetation caused by the 2011 Tohoku-oki tsunami in northern Tohoku, Japan. *Ecological Engineering* 44：227–232.
(3) Hayasaka, D., Goka, K., Thawatchai, W., Fujiwara, K. (2012b) Ecological impacts of the 2004 Indian Ocean tsunami on coastal sand-dune species on Phuket Island, Thailand. *Biodiversity and Conservation* 21：1971–1985

14 津波を受けた砂浜植生の回復と埋土種子集団
(1) 藤木大介・山中典和・玉井重信（2001）鳥取砂丘における植生タイプと埋土種子集団の関係．日本緑化工学会誌 26（3）：209–222.

Sendai Bay, Japan. *PLOS ONE* 10: e0135125.
(2) 金谷弦・鈴木孝男・牧秀明・中村泰男・宮島祐一・菊地永祐 (2012) 2011 年巨大津波が宮城県蒲生潟の地形、植生および底生動物相に及ぼした影響. 日本ベントス学会誌 67: 20–32.
(3) Warren RS, Fell PE, Rozsa R, Brawley AH, Orsted AC, Olson ET, Swamy V, Niering WA (2002) Salt marsh restoration in Connecticut: 20 years of science and management. *Restoration Ecology* 10 : 497–513.

6 泥の中にすむ多毛類はどうなったか
(1) Abe, H., Kobayashi, G., Sato-Okoshi, W. (2015) Impacts of the 2011 tsunami on the subtidal polychaete assemblage and the following recolonization in Onagawa Bay, northeastern Japan. *Marine Environmental Research* 112: 86–95.
(2) Abe, H., Kobayashi, G., Sato-Okoshi, W. (in press) Ecological impacts of earthquake and tsunami and the following succession on the subtidal macrobenthic community in Onagawa Bay, northeastern Japan, with special reference to the dominant taxon, polychaetes. In: J. Urabe and T. Nakashizuka (eds), Ecological impacts of tsunamis on coastal ecosystems: Lessons from the Great East Japan Earthquake, Springer, Tokyo.
(3) 阿部博和・近藤智彦・小林元樹・大越和加 (2014) 河口域、干潟、湾内の海洋環境とマクロベントス群集の変化─蒲生干潟と女川湾を例として─. 月刊海洋 46: 48–55.

7 カキから考える海洋生物にとっての地震・津波の意味
(1) 大越健嗣（2001）貝殻・貝の歯・ゴカイの歯 . 成山堂書店.
(2) 大越健嗣（2012）地震・津波が沿岸に生息する生物に与える影響. 岩槻邦男・堂本暁子（監）, 災害と生物多様性　災害から学ぶ, 私たちの社会と未来, pp.20–25. 生物多様性 JAPAN（JRC）.
(3) 大越健嗣（2013）東北地方太平洋沖地震の二枚貝への影響──震災から 1 年半後の現状と今後の展望 ──水環境学会誌 36：44–48.

8 干潟の貝類はどう変わったか
(1) Sato, S., Chiba, T. and Hasegawa, H. (2012) Long-term fluctuation in mollusk populations before and after the appearance of an alien predator Euspira fortunei (Gastropoda: Naticidae) on the Tona Coast, Miyagi Prefecture, northern Japan. *Fisheries Science* 78, 589–595.
(2) Sato, S. and Chiba, T. (in press) Ecological impacts and recovery of molluscan populations after the 2011 earthquake tsunami around Matsushima Bay and Sendai Bay, Miyagi Prefecture, northeastern Japan. In: J. Urabe and T. Nakashizuka (eds), Ecological impacts of tsunamis on coastal ecosystems: Lessons from the Great East Japan Earthquake, Springer, Tokyo.

9 磯の生き物たちと東日本大震災
(1) Noda, T., Iwasaki, A., Fukaya K. (2015) Recovery of rocky intertidal zonation: two years after the 2011 Great East Japan Earthquake. *Journal of the Marine Biological Association of the United Kingdom*, doi:10.1017/S002531541500212X
(2) Noda, T., Iwasaki, A., Fukaya, K., (in press) Rocky intertidal zonation: impacts and recovery from the 2011 Tohoku Megaquake. In: J. Urabe, T. Nakashizuka (eds), Ecological impacts of tsunamis on coastal ecosystems: Lessons from the Great East Japan Earthquake, Springer, Tokyo.
(3) Noda, T., Sakaguchi, M., Iwasaki, A., Fukaya, K. (in press) Rocky intertidal barnacle

参考文献

一覧地図

(1) 気象庁 HP. 平成 23 年（2011 年）東北地方太平洋沖地震.
(2) 原口強・岩松暉（2011）東日本大震災　津波詳細地図　上巻・下巻. 古今書院.
(3) 国土地理院 HP. 平成 23 年（2011 年）東日本大震災に関する情報提供. http://www.gsi.go.jp/BOUSAI/h23_tohoku.html

第 1 部

1 自然災害と生物多様性

(1) 岩槻邦男・堂本暁子（監修）(2012) 災害と生物多様性. 災害から学ぶ, わたしたちの社会と未来. 生物多様性 JAPAN.
(2) 永幡嘉之（2012）巨大津波は生態系をどう変えたか. 講談社.
(3) 山根正気（2006）クラカタウ諸島の昆虫相調査小史. 昆虫と自然 47（7）: 2–6.
(4) 日本雪氷学会, 緊急公開シンポジウム「ネパール地震と雪氷災害——現状把握と復興に向けて」開催のご案内　http://www.seppyo.org/articles/news2015/10u0tf
(5) 気象庁, 活火山とは, http://www.data.jma.go.jp/svd/vois/data/tokyo/STOCK/kaisetsu/katsukazan_toha/katsukazan_toha.h

2 宇宙からの目がとらえた津波前後の沿岸生態系の変化

(1) Hara, K. (2014) Damage to coastal vegetation due to the 2011 tsunami in northeast Japan and subsequent restoration process: Analyses using remotely sensed data. *Global Environmental Research* 18（1）: 27–34.
(2) 原慶太郎・樋口広芳 (2013) 東日本大震災が生態系に及ぼした影響. 地球環境 18 (1) : 23—33.
(3) 富田瑞樹・平吹喜彦・菅野洋・原慶太郎（2014）低頻度大規模攪乱としての巨大津波が海岸林の樹木群集に与えた影響. 保全生態学研究 19 : 163–176.

第 2 部

3 津波でわかった生物群集の成因

(1) Nishita, T., W. Makino, T. Suzuki and J. Urabe. (in press) Ecological responses of intertidal flat benthic communities to disturbances by the 2011 Tohoku earthquake tsunami. In, J. Urabe and T. Nakashizuka (eds), Ecological impacts of tsunamis on coastal ecosystems : Lessons from the Great East Japan Earthquake, Springer, Tokyo.
(2) Urabe, J., T. Suzuki, T. Nishita and W. Makino, (2013) Immediate Ecological Impacts of the 2011 Tohoku Earthquake Tsunami on Intertidal Flat Communities. *PLOS ONE* 8(5): e62779.

4 干潟の底生動物レッドリスト種は大津波を乗り越えられたのか

(1) 環境省（2014）レッドデータブック 2014　6 貝類 —— 日本の絶滅のおそれのある野生動物——. ぎょうせい.
(2) 日本ベントス学会（編）(2012) 干潟の絶滅危惧動物図鑑 —— 海岸ベントスのレッドデータブック. 東海大学出版会. 285p.

5 津波によって蒲生干潟はどう変わったか

(1) Kanaya, G., Suzuki, T., Kikuchi, E. (2015) Impacts of the 2011 tsunami on sediment characteristics and macrozoobenthic assemblages in a shallow eutrophic lagoon,

編集

日本生態学会東北地区会

編集・執筆（五十音順）

占部　城太郎*　東北大学
黒沢　高秀　福島大学
島田　直明**　岩手県立大学
鈴木　孝男　東北大学
鈴木　まほろ　岩手県立博物館
野田　隆史　北海道大学
彦坂　幸毅　東北大学
松政　正俊**　岩手医科大学
（*編集代表／**編集幹事）

執筆（五十音順）

鮎川　恵理　八戸工業大学
稲荷　尚記　北海道大学
伊原　禎雄　北海道教育大学
大越　健嗣　東邦大学
大越　和加　東北大学
大原　昌宏　北海道大学
金谷　弦　国立環境研究所
川西　基博　鹿児島大学
木下　今日子　岩手大学
郷右近　勝夫　東北学院大学
小寺　祐二　宇都宮大学
小林　憲生　埼玉県立大学
佐藤　慎一　静岡大学
富田　瑞樹　東京情報大学
早坂　大亮　近畿大学
原　慶太郎　東京情報大学
平吹　喜彦　東北学院大学
三浦　収　高知大学
森　誠一　岐阜経済大学
横山　潤　山形大学

生態学《せいたいがく》が語《かた》る東日本大震災《ひがしにほんだいしんさい》 ――自然界《しぜんかい》に何《なに》が起《お》きたのか――

2016 年 3 月 20 日　初版第 1 刷発行
2016 年 6 月 1 日　初版第 2 刷発行

編著者　日本生態学会東北地区会
発行人　斉藤 博
発行所　株式会社文一総合出版
〒 162–0812　東京都新宿区西五軒町 2–5　川上ビル
TEL: 03–3235–7341
FAX: 03–2369–1402
郵便振替　00120–5–42149
印刷所　奥村印刷株式会社

NDC468 A5 判 148×210mm 192P
ISBN978–4–8299–7104–8
Printed in Japan